"轻松知气象"科普丛书

Daqi de Aomi

大气的奥秘

金传达　编著

内容简介

本书介绍了大气、气压和风、缤纷四季、空间天气、气候变化等内容，将复杂的科学知识用通俗易懂的语言表达得简单明了。本书为广大读者，尤其为青少年朋友打开了一扇开拓视野、增长知识、启迪思维、探索天气奥秘的窗口。

图书在版编目(CIP)数据

大气的奥秘/金传达编著. —北京：气象出版社，2013.6
(轻松知气象科普丛书)
ISBN 978-7-5029-5711-7

Ⅰ.①大…　Ⅱ.①金…　Ⅲ.①大气-青年读物　②大气-少年读物　Ⅳ.①P42-49

中国版本图书馆 CIP 数据核字(2013)第 093034 号

出版发行：气象出版社
地　　址：北京市海淀区中关村南大街 46 号　　**邮政编码**：100081
总 编 室：010-68407112　　**发 行 部**：010-68409198
网　　址：http://www.qxcbs.com　　**E-mail**：qxcbs@cma.gov.cn
责任编辑：周　露　杨　辉　　**终　　审**：汪勤模
封面设计：符　赋　　**责任技编**：吴庭芳
印　　刷：北京京科印刷有限公司
开　　本：710 mm×1000 mm　1/16　　**印　　张**：10.5
字　　数：140 千字
版　　次：2013 年 6 月第 1 版　　**印　　次**：2016 年 4 月第 8 次印刷
定　　价：19.80 元

目　录

认识大气

天·九天·地

“圜则九重，孰营度之?”“九天之际，安放安属?”两千三百多年前，我国大诗人屈原在他的长诗《天问》里，提出了这样两个疑问。其意思是：九天，它们之间的边界安放在何处？它们之间是怎样连属的？天分九重，那又是谁干的呢？那时，人们脚踏实“地”，昂首望“天”，根据视觉印象设想天分九方、九重，即中央钧天、东方皞天、东南方阳天、南方赤天、西南方朱天、西方成天、西北方幽天、北方玄天、东北方变天，这就是所谓的“九方天”“九重天”。后来的统治阶级为了利用神权压迫和愚弄人民，就把九天描绘成了区别于地上人间的神灵世界。于是“九天玄女”“玉皇大帝”之类的神仙也就应运而生了。

那时，在西方也广泛流传有九层天的说法。托勒密的“地球中心说”曾统治欧洲 1 400 年之久(图 1)，这种说法认为日、月和金、木、水、

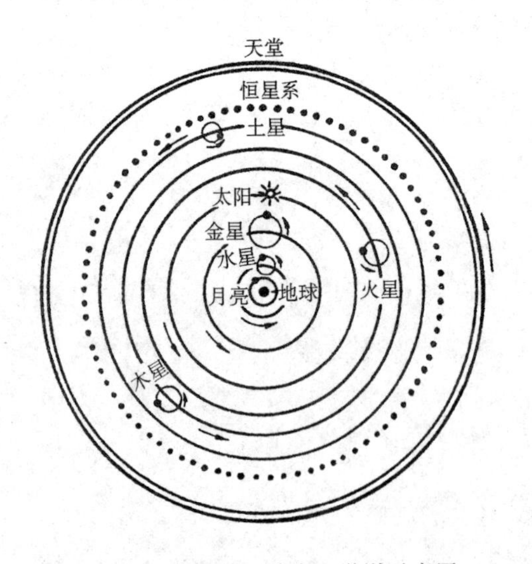

图 1　托勒密的地球中心学说示意图

火、土五个行星是位于不同天层上的，各为一层天。这就有了七层天，它们以地球为中心，由里及外，依次命名为月轮天、水星天、金星天、日轮天、火星天、木星天和土星天。第八层天上镶嵌着无数其他的星星，叫做“恒星天”。至于最外层则称之为“宗动天”或“最高天”。宗教迷信认为那个最高天上面是十方万灵的天帝居住的极乐仙境。

显然，古人是把地球之外的所有空间世界统统称为“天”的。随着科学技术的进步，人们逐步认识到天并没有九方或九重、九层之分，所谓九天玄女和天帝，也不过是人造的幻影。

人们关于“天”的概念来源于直观所看到的辽远的穹形的蓝天。其实，蓝天只是地球的大气层（大气圈）而已。它的穹形正好反映了大地的球形。根据人造卫星探测的结果，地球的这层大气中主要包含有氮气和氧气，另外，还有少量的二氧化碳、水汽和尘埃等微粒物质。整个大气层的厚度在 3 000 千米以上。

天是蓝的，反映了大气分子和微粒对太阳光的散射和折射在起作用。太阳光由红、橙、黄、绿、蓝、靛、紫等七种单色光所组成。各种颜色光的波长不同，在大气传播过程中所受到的散射和折射程度也就不一样。蓝光波长较短，比起波长较长的红光来它受散射和折射作用的影响就要大得多。人们所以有蓝天红日之感，原因也就在这里。从地面向上，大气层随着高度的增加，由于空气越来越稀薄，大气分子散射出来的光辉逐渐减弱，天空亮度越来越暗，到 20 千米高处，天空就变成黑色的了。

为了揭开“天”这个闷葫芦，科学家用各种各样的精密仪器，进行了长期的观察和研究，现在已经了解了大气层之外是一个没有边、没有尽头的宇宙空间。那里有恒星（包括太阳）、行星（包括地球）、卫星（包括月球）、小行星、彗星、流星、星云、星际物质、星际有机分子及辐射源等各种天体。它们都是物质的，处在不断运动和发展变化中。太阳和绕着它旋转的各种天体一起组成了太阳系，其中行星、卫星、小行星和彗星围绕着太阳转，就像围着篝火狂欢的人群。一个个遥

远的恒星都像太阳那样，是巨大的、火热的气体球，它们和我们的太阳系一起又组成了庞大的银河系（图 2）。在横跨 10 万光年、厚度 6 500光年、拥有2 000亿个恒星的银河系外面还有无数类似银河系的河外星系，构成了无限的宇宙。而我们人类居住的地球，也是一个天体，因此，也可以说我们又是居住在天上。

图 2　银河系

天和地之间并没有界限；如果说有，那也只是相对的而不是绝对的界限。平时我们说“天上有一轮明月”，在地球上来看，月亮确实在天上。但是，如果有人登上月球，那么到了晚上，他所看到的“天空”中最明亮的就不是月亮，而是我们人类的家园——地球了。

气球探空

1783 年 6 月，在法国里昂安诺内广场上，蒙戈菲尔兄弟用麻布和纸制作了一个球袋。他们来到镇外，在地上烧火，将球袋口对准火，热气很快把球袋鼓起来了。他俩将袋口扎住，放手后，球袋一直升到 300 米上空。

9 月 19 日，蒙戈菲尔兄弟应邀到巴黎，在凡尔赛宫前进行飞行表演。他们在表演时用的气球直径有 14 米，球下系着一个吊篮，篮里装了一只羊、一只鸡和一只鸭子。气球充满热气后，在礼炮声中冉冉升起，升到了 450 米的高空。飞行 8 分钟后，气球安全降落到 3 000 米外的森林中。

这次表演的成功，使多少年来人类到达天空的幻想，终于有了实现的可能。

图 3　1783 年热气球载人飞行

两个月后，就是 11 月 21 日，蒙戈菲尔兄弟又在巴黎穆埃特堡成功地进行世界首次气球载人的实验。当时，许多好奇又热心的观众，只见那被浓烟和热气胀鼓的巨型气球挣脱了系留索，载着两位航空先驱者奇埃和科特迪瓦，向着蔚蓝的天空冉冉升起(图 3)。他们两人不停地向地面显得越来越小的人群挥手致意。热气球升到了 900 米的高空，飞行了 25 分钟，横越巴黎上空，在 1 000 米以外的地方安全着陆。

这是人类第一次真正的飞行！

一些科学家立即把探索大气奥秘的希望寄托在气球的飞行上。1804 年，法国科学家盖·吕萨克乘气球升到 7 000 米高空，获得了稀薄的大气样品。1862—1866 年，英国科学家格莱德尔共进行 28 次飞行，曾到达 8 839 米的高空，当时由于寒冷和缺氧，他在记录下气压值以后，失去了知觉。

19 世纪后期，由于自动记录温度、气压、温度的仪器问世，人类很少再做这种危险的飞行了。科学家设计出带有仪器的无人乘坐的气球，这样能及时获得不同高度上的气象要素。20 世纪 20 年代至 30

年代，随着无线电技术的发展，继1928年第一个载着无线电探空仪的气球在德国诞生，这一无线电遥测方式逐步被各国普遍采用，迅速扩大了高空气象资料的来源。与此同时，世界高空气象探测站网出现了。今天，高空台站网已遍及世界各地。

随着科学技术的迅速发展，气球技术日新月异。专家们把进行高空气象观测的气球统称为气象气球。其中，和地面不连接的气象气球叫自由气球，探空气球就属于自由气球（图4）。用缆绳和地面连接的气球叫系留气球。用于气象观测的仪器直接由气球携带，在升空过程中进行观测，或者吊挂在缆绳上在不同高度进行观测。它可以在较长一段时间内连续测量各选定高度上的气象要素值，而不像探空气球那样只能进行一次性测量。系留气球一般用于高度在1 000米以下气象要素垂直分布和大气污染探测及通讯。

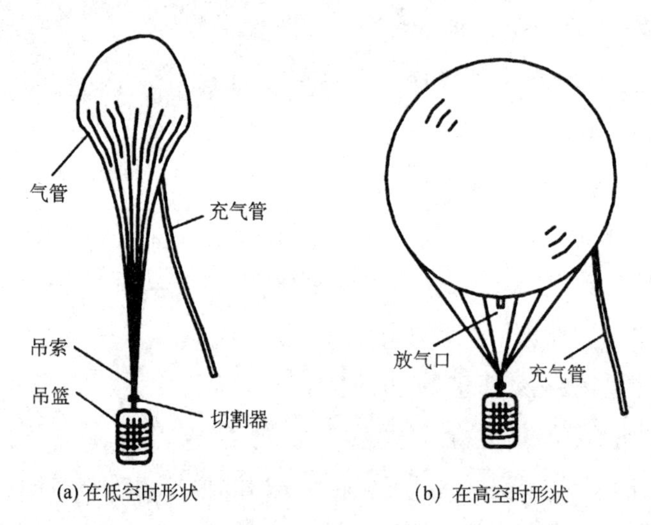

(a) 在低空时形状　　(b) 在高空时形状

图4　探空气球

让气球携带仪器在预定的某个等密度大气层里随着气流飘行的探测技术气球叫定高气球，它属于自由气球。

让大型气球上升到平流层进行气象、天文、空间物理、化学、环境科学，以及遥感卫星仪器和空间技术等多学科探测试验的气球叫平流层气球。20 世纪30 年代出现的最早平流层气球是乘人的，球下挂一密闭的吊篮，一般只能上升到 20 多千米的高空。第二次世界大战后发展起来的不乘人的大型塑料薄膜气球，能携带几百至几千千克的负载上升到 30～50 千米的高空。那里是寂寞的长空，由于受大气的阻挡而留有各种携带着天体宇宙信息的带电粒子、电磁场波、宇宙尘埃等物质，高空探测气球可对其进行直接的观测，还可测量大气中的臭氧、二氧化碳、甲烷和其他微量气体成分及变化，尽早地向人们作出预报，使人们及时掌握大气中化学平衡变化及被破坏的情况。

一种用来测定各高度层的风向、风速的气象气球叫测风气球。它一般为小型橡胶气球，球皮有红、白、黑三种颜色，阴天或低云时用黑球，晴天时用白球，天空状况介于二者之间时用红球。夜间观测时在气球下挂一个小灯笼。如采用无线电测风时，球下则挂一个回答器和反射靶，这其实是用雷达来测风了。

也许有人会问，在有了气象雷达和气象卫星等现代化设备的今天，探空气球这一古老的工具是否已经过时了呢？

我们的回答是：不。

气象雷达和气象卫星所探测的资料还只能做“定性”分析。就是说，一时还不能把接收的信息立即转化为气象要素，如温度、气压、湿度等，只能从图像的明亮程度来辨别不同天气。而气象气球却能为天气预报提供一些定量数据，同时气球探测还具有使用方便、易于控制、造价低廉等一系列的独特优点，因此，在相当长的时期内，它将仍然是探测大气奥秘的尖兵。

近几十年来，由于自然和人为的因素，地球大气中的化学成分不断发生变化，而气球探测能使人们及时掌握这些变化，并据此研究制定保护地球大气的对策。

大气成分知多少

我们的周围到处都是空气。空气好比一个大海洋，地球上的人类和众多的生物就生活在这个“海洋”里。这个空气海洋总称为大气圈或大气层。

我们的地球已经46亿岁了。在漫长的岁月中，地球大气的成分发生了很大变化。第一阶段叫原始大气，第二阶段叫还原大气，第三阶段叫氧化大气，也就是现代大气。前两个阶段里大气中都没有氧气。出现原始生命后，植物的光合作用产生了氧气。光合作用使二氧化碳逐渐减少，使氧气逐渐增加，于是地球上的生命开始大量繁衍，成为生机勃勃的可爱的星球。

现代大气是由干洁空气、水汽和呈悬浮状态的各种颗粒物所组成的混合体。其中干燥洁净的空气是大气的主体成分。从地面向上至85千米高处，大气由“常定成分”和“可变成分”组成。常定成分主要包括氮、氧、氩以及微量的惰性气体氖、氦、氪、氙等，它们在大气中保持相对比例大致不变。而可变成分，其比例则随时间和位置而改变，其中水汽的变化幅度最大。在可变成分中二氧化碳和臭氧所占比例最小，但对气候影响较大，硫、碳和氮的各种化合物则主要影响人类生存的环境。

气象学中常把不含水汽和各种杂质的大气称为“干洁大气”，或简称为干空气。它的主要成分按容积百分比，氮为78.084%，氧为20.946%，氩为0.934%，二氧化碳为0.032%（图5）。干洁大气中各种气体的沸点都很低，例如，氮气为−195.8 ℃，氧气约为−182.98 ℃，氩气约为−185.65 ℃。由于在自然情况下不能达到这样的低温，这些气体永远不会液化，所以干洁大气总是保持气态。

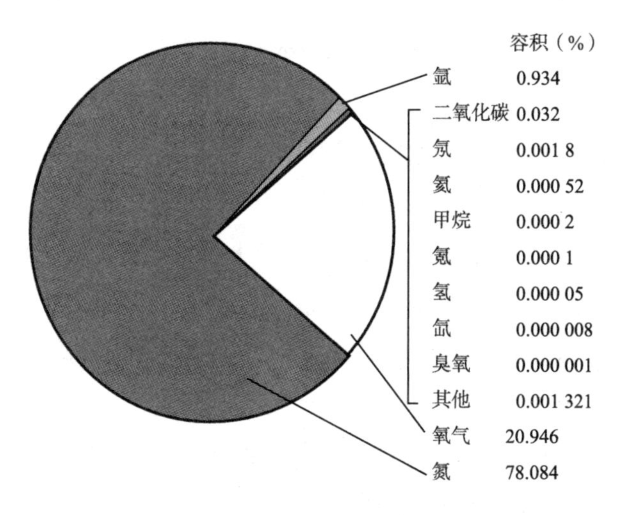

图 5　大气的成分示意图

氮气对于生物体来说是不可或缺的。氮是组成蛋白质的主要元素，而蛋白质是构成一切生物体必不可少的成分，所以任何有机体都必须吸收氮才能健康生长。但是大部分生物都不能直接从大气中吸收氮，有些植物根部含根瘤菌，这种菌能够直接把大气中氮转化为含氮的化合物，根部的传导组织将这些化合物运输到植物的各个部分制造出蛋白质；动物则必须进食植物或其他动物来获取可以吸收的含氮化合物。

氧气是动植物生存、繁殖的必要条件。生物直接从空气中吸收氧气，并依赖它把贮存在食物体内的能量以可供使用的形式释放出来。燃烧必须依靠氧气，没有氧气，火就熄灭了。

二氧化碳在大气中的含量很少。动物把二氧化碳当成废料排出体外，植物却必须用二氧化碳来生产“食物”。矿泉、地壳裂缝及火山喷发时也会释放出二氧化碳。所以大气中二氧化碳的含量常因时间、地点而异，在白天、晴天、夏季时，植物同化二氧化碳的作用比较强，二氧化碳的浓度也就比夜晚、阴天、冬季低。煤炭、汽油等物质燃烧时会释放出二氧化碳，而二氧化碳量的增加会给地球气候环境带来巨大影响。

臭氧是氧气的同素异形体，其分子内含有三个氧原子。大气中的臭氧主要分布在10～50千米的高空，极大值出现在10～25千米附近，那里被称为臭氧层。臭氧强烈吸收太阳紫外线，使其所在高度平流层的气温显著上升，对平流层温度场和流场起着决定作用，同时臭氧层阻挡了太阳紫外辐射，保护了地球上的生命。

水汽是水的一种气态形式，与由小水滴汇聚而成的水蒸气不同，水汽是肉眼看不见的。在现实生活中，由于水汽的存在，空气并不干燥。空气中的水汽含量有时可多达4%。水汽含量影响植物蒸腾、土壤蒸发，并间接制约着植物对二氧化碳的吸收以及病菌的萌发和生长。水汽的凝结物更是作物所必需。在大气温度变化范围内，水汽是唯一可发生相态变化的成分，因而它是表现天气变化的最主要角色。水汽还可通过辐射的吸收和反射以及潜热输送，在大气能量传输中起重要作用。

大气中除了气体成分之外，还有相当数量的气溶胶。气溶胶是气溶胶粒子的简称，即悬浮在气体介质中沉降速度很小的液体和固体粒子，包括尘埃、烟粒、海盐颗粒、微生物、植物孢子、花粉，不包括云、雾、冰晶、雨、雪等。最小的气溶胶粒子基本上由燃烧产生，如燃烧的烟粒、工业的粉尘、火山爆发的火山灰、飞机的尾气等，也有流星燃烧后的灰烬。大粒子和巨粒子的气溶胶粒子可由风吹起的尘埃、植物孢子和花粉或海面波浪气泡破裂产生。

气溶胶粒子可以吸附或溶解大气中某些微量气体，产生化学反映，污染大气。气溶胶粒子还能吸附和散射太阳辐射，改变大气辐射平衡状态，或影响大气能见度。同时，气溶胶粒子又是大气中水汽凝结的核心，是成云致雨的必要条件。在气溶胶中，大颗粒能相对较快地沉降到地面，小微粒可在高空浮游很长时期。

生命的保护神——大气

地球在46亿年前刚诞生的时候是一个大火球，后来逐渐冷却下来，周围形成了大气。经过极其漫长的演变，才开始出现了生命。直到300万年前才有了人类。人类能够在地球上出现并且繁衍至今，大气立下了汗马功劳。可以说，大气是生命的保护神。

科学家把整个地球大气质量估算了一下，结果得出了一个惊人的数字：5 300万亿吨。这个数字相当于地球上所有水的总质量的1/300。

人类的第一需要是大气。人需要呼吸新鲜、洁净的空气来维持生命，一个成年人每天呼吸大约有2万次，吸入的空气量为10～15立方米。生命的新陈代谢一时一刻也离不开空气，人类5天不吃不喝尚能生存，但断绝空气5分钟就可能死亡。一般地说，在安静状态下，一个人每天需要吸入氧气大约1 000克。这些氧气与吃进体内的糖、脂肪和蛋白质一起发生氧化反应，产生能量供给身体各部位。人体内各内脏器官中以脑需要的氧最多，大约占人体吸入氧气总量的1/5。一个人一天吸入的空气量大约是饮水量的5倍，是所需食物量的10倍。而在强烈的体力劳动和剧烈运动时，呼吸量又要增加大约10倍以上。

一切生命都离不开大气。人和动物昼夜不停地吸入氧气，呼出二氧化碳；植物在太阳光照射下吸收二氧化碳，呼出氧气，而在夜间，植物也需要吸入氧气。氧气还溶解在江河湖海的水中，为水中生物提供了生存的条件。

大气中的氮、氧、碳、氢等元素是构成生命的物质；生命的代谢活动、呼吸作用和光合作用是在大气中进行的，所需要的氧、水、二氧化

碳等是大气的成分。这些气体在地球表面上循环，也使生命活动不断地循环，因而生生不息，绵延至今。

水是生命之源。江水、湖水、雪水都是大气带来的。据资料分析，大气水分的总质量平均大约是13万亿吨。换句话说，假设这些水同时落下将达到中雨至大雨的水平。事实上，地球上年平均降雨量约相当于780毫米，这个数字是25毫米的近32倍！这就意味着一年里太阳能要将地表水(海洋的和地面的)蒸发以更换大气中的水汽达32次之多，假定每次更换水分都在一天内完成，那大气每隔11天就要"全身换水"1次！由于大气与地球表面在自然界中互相产生水分循环(蒸发、凝结、降水)，它就像是一架无形的"运输机"，帮助水在地球上循环往复不止，不至于散发到外层空间，因而保持了地球上的生命活动所必需的水。

大气又像一件外衣罩着地球，保存着地球上的热量，为生命提供了适宜的温度条件。大气让太阳的短波辐射①顺利通过(即直接吸收的较少)，使热量很快到达地表，使地表增温。同时大气又吸收地表反射的长波辐射，把热量保持在大气层中，使大气增温。同时大气也进行着热量辐射，一部分热量又返回地球，使地球上的热量不至于迅速散失到宇宙空间。也就是说，大气层就像热量的缓冲带一样，将地球平均温度保持在15 ℃，这正是多种生命适宜的温度。倘若没有大气，那地球将是白天酷热，夜晚奇寒，天上没有灿烂的云彩，地上没有生命的歌声，到处是一片荒凉。地球的卫星——月球上就是这种情景，因此嫦娥奔月只不过是美丽的神话故事罢了。

地球大气又给生命营造了比较安全的环境。在离地面500千米或1 000千米以上高空的磁层(电离层的一部分)，挡住了相当一

---

①辐射是物体用电磁波的方式放出能量，包括光和热等。辐射强弱和物体温度有关。电磁波有长短不同的波长。太阳表面温度高，发射出的电磁波波长比较短；地球表面温度低，发射出的电磁波波长比较长。

部分对生命有害的太阳粒子流及宇宙射线，并且保护地球大气不致被太阳风吹跑。在距地面20～30千米高度的臭氧层，好像在天空中张起一个无形的巨大网筛，使阳光中含有的5%的紫外线在透过大气的时候大部分被筛掉，到达地面的紫外线不到1%。因此，人类及其他地球生物才不会遭到紫外线过量辐射的灼伤，甚至危及生命。

大气还减轻了大量来自星际空间的流星对地球的冲撞袭击。这些流星以相当于步枪子弹几十倍的速度穿越大气层，因为高层大气千余度的高温而熔化，又与空气剧烈摩擦，温度进一步升高，被氧气强烈氧化而燃烧，在夜空中划出一道道亮光（图6）。一般流星多在70～140千米高空便焚毁了，少数较大的流星可能落在地面上，但体积和速度也已大大减小，不会造成大的伤害。月球表面有许多坑坑洼洼，就是流星轰击月面造成的伤痕，因为月球上没有大气这样的保护"盔甲"。

图6　古代流星雨图

一层一层地认识大气

从地面往上升，地球引力逐渐变小，大气也渐渐变稀薄。大约有十分之九的空气是挤在 16 千米以下的大气层内的。到 260 千米的高空，大气的密度只有地面的 100 亿分之一。

据人造卫星探测，1 600千米高处的大气密度是海平面大气密度的千万亿分之一。这个数值仍然相当于宇宙空间星际物质密度的 10 亿倍。不过，那里的大气质点已不是气体分子，而是原子和离子。

以 80～100 千米的高度为界，在这个界限以下的大气尽管稀薄稠密不同，但其成分大体一致，以氮和氧的分子为主，这就是我们周围的空气。而在这个界限以上，到320～1 000千米高度范围内，变得以氦为主；再往上，则主要是氢；至6 400千米以上便稀薄得和星际空间的物质密度差不多了。

所以，由大气层顶部到宇宙空间并没有绝对的界限。

由于大气在不同高度处的情况有很大的不同，气象学家把它划分为 5 层，就是对流层、平流层、中间层、热层和散逸层(图 7)。

散逸层是地球大气的最上层，最高可达 3 000 千米，甚至 6 400 千米以上。从此高度向内延伸的散逸层里，气温高达 2 500 ℃，大气质点主要由氢原子组成。大气中原子之间离得很远，甚至在绕地球一周后也不会相互碰撞。这些原子的运动速度很快，受地心引力又很小，有一些可以冲破地球引力场的束缚而逃逸到星际空间去。

在散逸层之下是热层，它大约包括距地面 85 千米至 800 千米之间的空间范围，是人造卫星、极光和流星雨出没的层次。这里的气温随高度增加而迅速上升。热层的底部气温每千米只上升 5 ℃，过了 120 千米高度以后就急剧增加，至 500 千米一带升高到 1 000～

2 000 ℃。从散逸层到热层，强烈的太阳辐射把大气质点中很大一部分激发到极高的能量和很大的速度，于是气温很高，空气非常稀薄，处于高度电离状态。

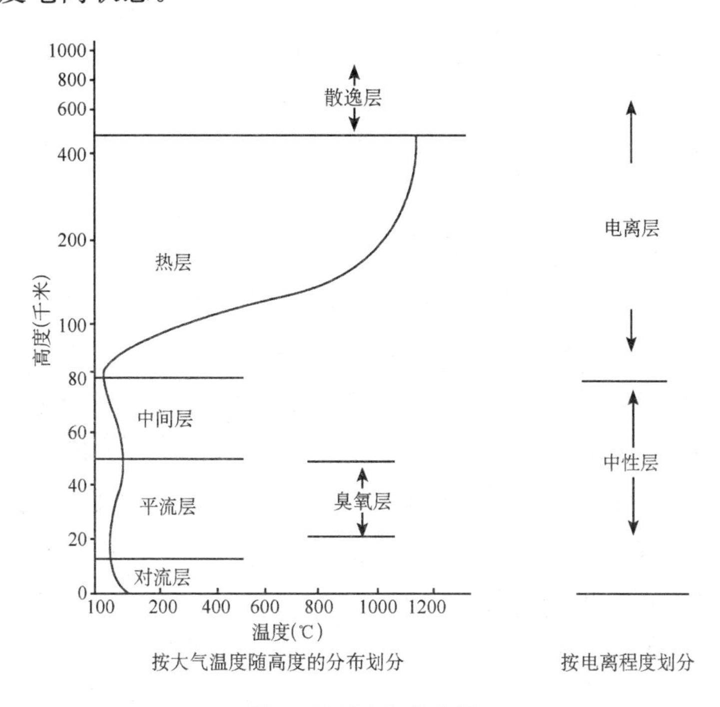

图 7 地球大气的分层

热层以下到距地面大约 50 千米的高空是中间层。太阳光经过散逸层和热层以后，其高能量的部分已经减少很多了。剩下的光能，中间层的大气质点对它的吸收微弱，所以这一层内气温很低。气温随高度上升而急剧下降，一直降到－90 ℃左右。在中间层，有相当强烈的垂直对流和湍流混合，所以它又被称为高空对流层，然而，由于水汽极少，只是在夏季的高纬度地区偶尔能见到产生于中间层的银白色的夜光云。

接下来便是平流层，高度为距地面十几千米到 55 千米这一范围，气流主要表现为水平方向运动。这层大气包含着一个能吸收紫外线的臭氧层。臭氧吸收太阳光中的紫外线而使气温剧增，到平流层顶

可达 0 ℃左右。平流层内气体分子、水汽和尘埃都很少，气流平稳，不易布云造雨，适宜超音速飞机飞行。

然而，平流层中并不总是安静的。有时对流层中发展旺盛的积雨云顶部（卷云）也可伸展到平流层下部，在高纬度地区有时日出前、日落后，会出现贝母云。现代超音速飞机在平流层中飞行，导弹、宇宙飞船和卫星再进入大气层时计算表面加热，都必须考虑平流层的温度、密度和气压的变化。

值得注意的是，平流层以上还有一个“电离层”。由于太阳辐射的紫外线、X 射线、粒子流以及宇宙射线的作用，平流层上层的气体分子分裂成为原子，并发生电离而形成离子状态物质；高度愈高，这些作用愈强烈，于是在地球周围形成了能够导电、能够反射无线电波的电离层。

电离层大约位于距地面 60～2 000 千米的高空，其间离地面约 300 千米高度处（气象学上称为 F2 层）对无线电通讯作用最为重要，人们把它形容为“一面反射电波的镜子”，电波可借助于地面和电离层之间的多次反射而传播。

平流层的下面就是大气的最底层了。在这一层里，地面上的空气受热上升，上面的冷空气下降，发生对流，所以叫对流层。这一层顶距赤道地区 16～18 千米，愈近极地愈低，距两极点低至 8 千米。在我国上空，它的平均高度是 10～12 千米。对流层的气温随高度增加而下降，平均每升高 100 米约下降 0.65 ℃。当太阳光穿过平流层以后，紫外线大大削弱，留下来的主要成分是可见光。可见光在穿越大气层时被大气质点吸收的数量不多，不可能把大气温度提高多少。但是阳光到达地球表面以后，烤热了沙漠、森林、水域和地面的一切物体。于是，热的地面和水面反过来又像火炉一样，从下往上烤热着对流层的大气。越近地面的大气受热越多，温度就高一些。而从地面越向上，受热越少，气温也就逐渐下降。到了赤道附近的对流层顶部，气温已下降到 －75 ℃以下，两极附近的对流层顶部也下降到 －45 ℃以下。

对流层集中了大气总量的75%和水汽总量的95%以上,微尘也多。这一层里有规则的垂直对流运动和不规则的湍流运动,它们使上、下层空气均匀混合,热量、水汽、悬浮颗粒也得以往上输送,从而“演奏”出各种有声有色的天气“交响曲”。布云造雨、引雷闪电、风暴肆虐、雪花飞舞的舞台,主要就在距地面1.5~6千米的对流层上层。

“生命之伞”——臭氧层

每年9月底,也就是南半球春天降临的时候,南极上空的臭氧浓度明显减少,一直持续到11月初才结束。据英国科学家监测,这个现象早在1957年就开始了。

人造卫星上的观测证实,从1979年开始,南极上空的臭氧含量迅速下降。1985年的臭氧含量比1980年低30%,比1957年低50%。后来,科学家监测到南极上空臭氧层出现了一个巨大的“空洞”。这个“洞”每年都在不断扩大。到2000年,“洞”的面积曾达2 800万平方千米,超过两个欧洲的面积,深度相当于珠穆朗玛峰的高度(图8)。

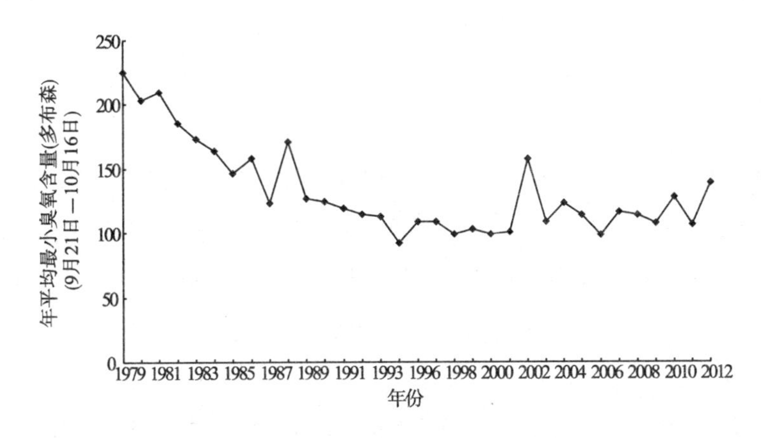

图8 1979—2012年南极臭氧含量变化图

这就好像屋顶上开了一个大天窗似的，科学家把这个现象称为南极“臭氧洞”(图 9)。

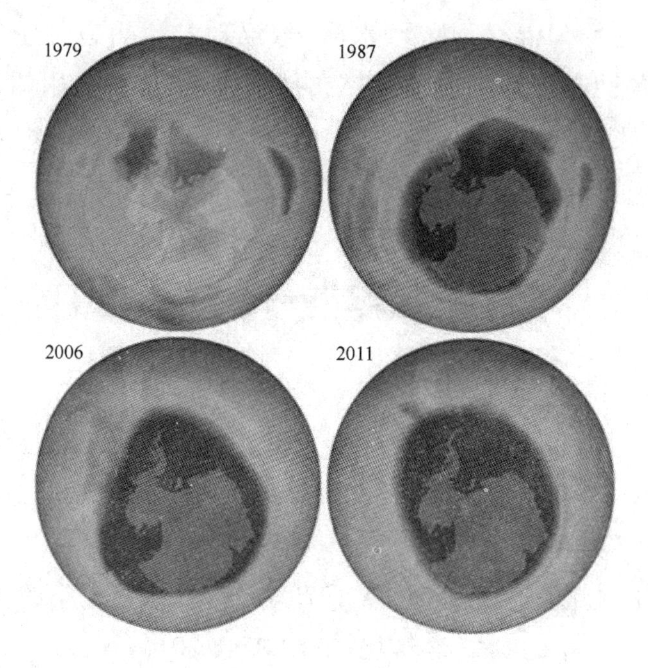

图 9　南极臭氧空洞

臭氧带有特殊臭味，为浅蓝色气体，是大气中的微量元素。来自太阳的高能量紫外线使空气中一部分氧分子分解为氧原子，这些氧原子又分别和含有两个氧原子的氧分子结合，成为有三个氧原子的分子，这就是臭氧。这样的一系列变化大都发生在离地面 15～50 千米的平流层里，这里集中了大气中 90％的臭氧。尤其在离地面 20～30 千米的范围内，形成了一层臭氧相对集中的臭氧层。

臭氧层非常稀薄。如果把分布在平流层里的臭氧统统收集起来平铺到地球表面上，大约只有 3 毫米厚。但这样薄薄的臭氧层却是地球的“生命之伞”，它能大量吸收太阳紫外线辐射，对保护地球生态系统有重要作用。

紫外线是太阳光中一种短波射线，只占太阳总辐射量的 5％左右。但是，若到达地面的太阳紫外辐射的强度超过一定限度，生物蛋白质和遗传物质脱氧核糖核酸(DNA)就会遭到破坏,地球生命会受到很大的威胁。据试验,臭氧层的臭氧浓度每减少1%,太阳紫外线的辐射量即增加2%,而皮肤癌的发病率就会增加7%,白内障患者会增加0.6%。目前,全世界每年死于皮肤癌的有10万人,患白内障的人更多。

曾有研究者对100多种植物进行研究,发现1/5的植物对紫外线敏感。过量的紫外线照射能使植物的光合作用降低,生长速度减缓,粮食产量下降。如臭氧减少25%,大豆将减产20%~25%。紫外线照射还会导致森林、草原的物种基因发生变异。

紫外线还能对20米深水范围的浮游生物、鱼虾幼体、贝类造成危害。某种主要浮游生物数量的减少,会危及水生生物系统的食物链和自由氧的来源,从而破坏水域的生态平衡。据测算,大气中臭氧含量损耗16%,会导致浮游生物数量减少5%,世界每年鱼产量因此减少700万吨。

科学家还发现大气中臭氧含量的减少并不仅出现在南极上空,也出现在北极上空。事实上平流层中的臭氧含量整体在减少,这引起了社会公众的广泛关注。

人们得知,大气中大约有1万种化学气体都能消耗臭氧,其中以氯氟烃的破坏力最大。

氯氟烃也叫氟利昂。它是由人工制造出来的一类含碳、氟、氢等元素的有机化合物,无色,无味,无毒,在低层大气中稳定性好。它被广泛地用作冰箱和空调的致冷剂,隔热用和家具用泡沫塑料的发泡剂,电子元件、器件和精密零件的清洗剂,药剂和美容品的喷雾剂。在使用过程中,氯氟烃不断排入大气中,通过对流扩散到达了平流层。

到达平流层的氯氟烃分子,在紫外线的照射下会释放出氯原子,氯原子能很快抢走臭氧分子中一个氧原子,使臭氧分子变成普通的氧分子。可怕的是,氯原子在与臭氧发生反应之后,又去寻找新的臭氧,使臭氧分解。这种过程不停地继续下去,可重复10万次之多,也就是说,

1个氯原子可以消耗成千上万个臭氧分子，从而导致臭氧层的破坏。

有的科学家指出，化学清洁剂、卤代烃类如氯化甲烷对臭氧层的危害可能比氯氟烃更大。

在飞机排出的尾气和工业废气中，都含有大量的氮化物和氯化物，这些化学气体进入平流层中与臭氧发生反应也能消耗掉臭氧。如果有50架以上的超音速飞机在高于17千米的高空飞行，就能对臭氧层产生明显的影响。有人认为飞机废气可导致臭氧减少10%。化肥和燃料产生的氧化氮也会破坏臭氧。

为了拯救“生命之伞”——臭氧层，人类正在采取各种措施，如减少氟利昂的排放量等。联合国大会决定从1995年起，每年的9月16日为“国际保护臭氧层日”。保护臭氧层是人类义不容辞的责任。

大气中的水汽

我们看到，地上的积水不久没有了，湿衣服不久也干了。这些水到哪里去了？

这些水是受太阳照射和刮风的影响，化成水汽跑到大气中去了。

这种由水变成水汽而进入空气的物理过程叫做蒸发。地球上的江河湖海水面和土壤、植物的表面，蒸发作用时刻都在进行着(图10)。

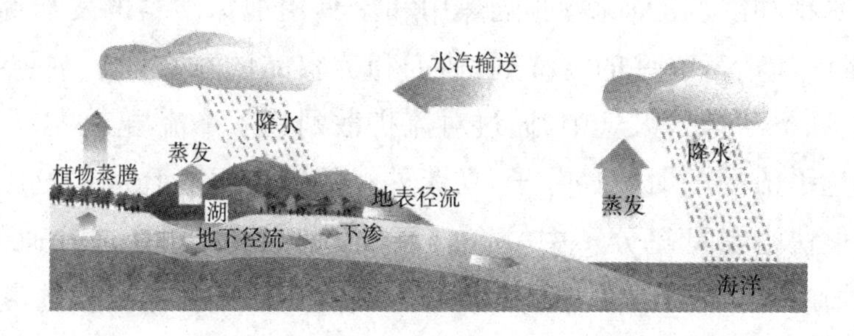

图10　水循环示意图

水文资料计算表明，每年全球大约有550万亿吨水蒸发到大气中。地球表面积约有5.1亿平方千米，平均每平方千米空中有108万吨水汽。地球上的云雨就源于水汽。

占地球表面积约30%的大陆表面，其上空有165万亿吨水汽(包括大陆本身蒸发的70万亿吨水汽)。而占地球表面积约70%的海洋表面，平均每年大约有100米厚的水层转化为水汽，其上空有385万亿吨水汽。其实大陆上的降水只有全球大气总降水的1/5多一些，大约为110万亿吨水。当然，大陆上这110万亿吨的降水，有40万亿吨水是通过大气运动从海洋移送到大陆上空的。这只占海洋总蒸发量的8%左右，仅是从海洋输送到大陆上空的水汽的一部分(图11)。

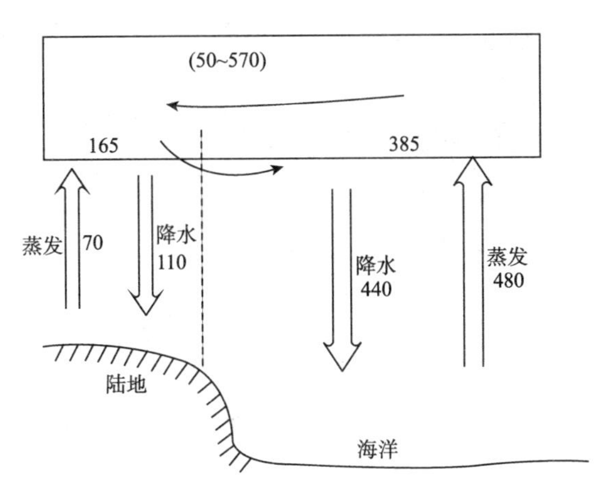

图11　地球大气水分循环(单位:万亿吨)

大气中水汽的分布很不均衡，含量变化也很大。水汽集中在对流层中，主要在距地面3 000米高度范围内。近地面层水汽较多，在1～2千米的高空仅为地面的一半，到5千米高空只剩地面的1/10了，但在1.5～2万米以上空中仍有水汽存在。水汽含量也随着纬度增高而减少，由沿海向内陆减少，沿海地区水汽含量多达空气总体积的3%，内陆沙漠地区则很少。如果用占空气混合物总体积的百分数表示水汽含量，则在纬度70°带上平均为0.2%，在纬度50°带上平均为

0.9%，赤道带上占 2.6%，全球平均 1.7%。

大气中水汽含量的变化，还受季节和温度的影响。如中纬度地区在严寒的冬季，大气中水汽含量只有千分之几，在潮湿的夏季可达 30%。即使是同一季节，由于气温的变化，一个地区空气中的水汽含量也会发生变化。温度越高，容纳的水汽越多，例如：1 立方米的空气中，气温为 4 ℃时，所能包含的最多水汽量为 6.36 克；在气温为 20 ℃时，则为 17.3 克。

当大气中的水汽含量超过了当时温度下所能容纳的最大限度时，便是达到了所谓的“饱和”状态。“过剩”的水汽遇冷就会变成细小的水滴从空气中分离出来了。这种由水汽变为水的物理过程，就叫做凝结。云、雾、雨、露都是水汽的凝结物。

空中的水汽既可以凝结为云、雾、雨、露，也可以凝华（又称气固）为冰晶、霜、雪。冰、霜、雹、雪又既可以升华为水汽，也可以融化为水或水滴。而水既可以凝固为冰，也可以蒸发为水汽。这种水汽相态的相互变化，叫做水的内部循环（图 12）。

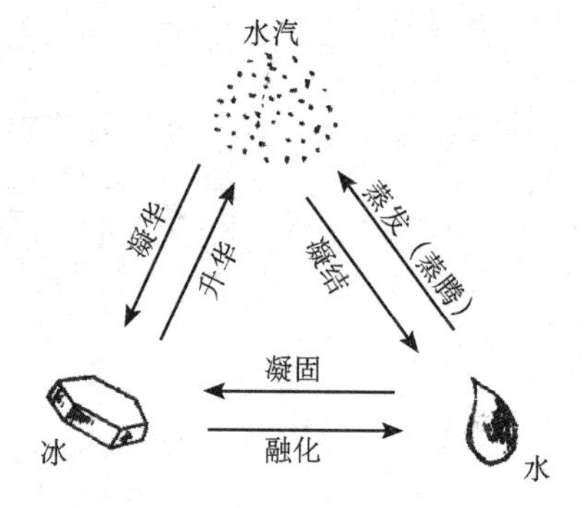

图 12　水的三相转换示意图

水汽在空中或凝结或凝华或冻结，总是先织成“云锦天衣”，再造成雨雪下降。其中有 3/4 的降水落到海洋上，剩下的则降落在大陆上。而降到大陆表面上的水，一部分汇入江河，流到海里，一部分成为地下径流，也流向海洋，这样，就构成了水的外部循环。

蒸发使大气中含有了水汽。空气里的水汽含量叫做湿度。单位体积空气中的实有水汽含量称为绝对湿度，常用 1 立方米空气中含水汽的克数来表示（克/立方米）。绝对湿度越大，表明大气中的水汽越多。在一定时间内，空气中实有的水汽含量与同样温度条件下饱和水汽含量的比值称为相对湿度，用百分比表示，以说明大气干湿程度。平常人们所说的湿度，多半指的是相对湿度。当实有水汽含量等于饱和水汽含量时，相对湿度为100%，表明整个空气已经饱和，也就是说空气十分潮湿了。有时，相对湿度稍大于100%，这表明空气处于过饱和状态，天气就容易下雨、起雾或结霜。当空气十分干燥时，相对湿度可低到30%以下，有时甚至接近于零或等于零。这样低的相对湿度，在我国河西走廊曾观测到。

大气中水分的蒸发、凝结、成云、致雨这种无休止的循环，使地球表面与大气之间的能量和水分得到了交换，从而在天气舞台上演出一幕幕动人的篇章。

大气环流的盛况

太阳每时每刻都在把巨大的热量投放到地球上。但是从赤道到极地的各区域，大气热量收支并不平衡：低纬度地区热量收入多，支出少；高纬度地区热量收入少，支出多。太阳给地球系统加热的不均，导致了大气的大规模运动。

大范围的大气运动状态称为大气环流。图13表示：赤道地区太阳照射强烈，空气受热膨胀上升。由于空气在赤道上空堆积，使气压高于极地上空，而大气总是从高压向低压处流动的，于是赤道上空的空气便向极地流动。在地面，因赤道地区上空有空气流出而降压，形成赤道低压；极地附近所得到的太阳光热特别少，气温特别低，冷重的空气不断地向地面沉降，形成极地高压。因此，低空气流从极地流向赤道。这样就在赤道和极地之间形成了南北向的单圈环流。这种环流首先由英国科学家哈得来于

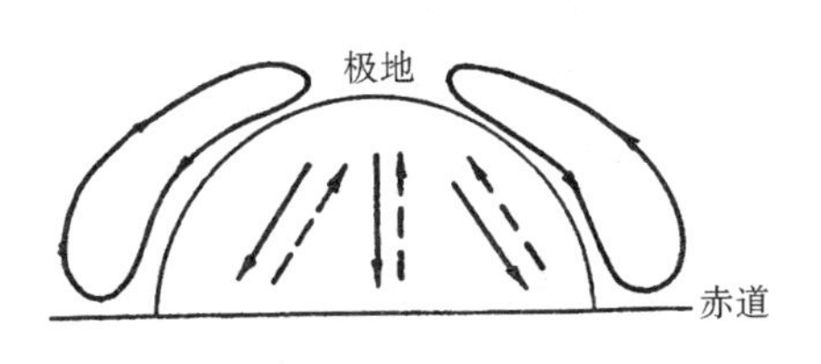

图13　单圈经向环流模式（北半球）

1735 年提出，因此又称哈得来环流。

哈得来环流没有考虑地球自转及不均匀地球表面对大气运动的影响。实际上，大气运动时时刻刻都受到地转偏向力的作用。图 14 表示的是当考虑地球自转，仍假设地表均匀时，赤道和极地之间大气的运动形成的三圈环流。

由于受地转偏向力的作用，赤道地区由地面上升至高空的气流向极地运动时，它的运动方向就要发生向右（北半球）或向左（南半球）偏转（图 15）。大约到了纬度 30°上空，气流便转成自西向东的纬向环流了。这样，从赤道上空源源不断流动过来的空气，受这股东西方向环流的阻挡，渐渐在那里堆积，并辐射冷却大气系统（接受辐射小于自身发射辐射时产生的温度降低过程）而下降，使近地面气压增高，形成一个庞大的高压带。这个高压带正好位于南、北半球的副热带区内，因此称为副热带高压带。

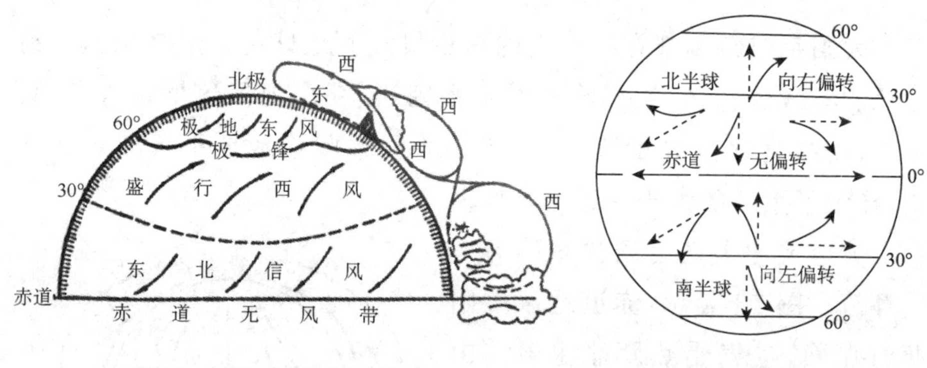

图 14　三圈环流模式（北半球）

图 15　地转偏向力

地面副热带高压（简称副高）的空气分南、北两支流动。在北半球，向南流回赤道的气流向右偏转形成东北信风带。相应地，在南半球流回赤道的气流向左偏转，成为东南信风带。这两股信风在赤道地区汇合上升，并在高空流向高纬度。这样，在低纬度地区，南、北半球各存在一个环流圈，称为信风环流圈。它很像哈得来所说的那种单圈环流，因此，通常就被称为哈得来环流。

由副热带高压低层流向极地的暖气流，在地转偏向力的作用下，形成中纬度地区的偏西风，称为盛行西风带。从极地高压低层流向低纬的冷气流在地转偏向力的作用下形成偏东风，称为极地东风带（图 16）。东风带与西风带在纬度 60°附近汇合上升，形成副极地低压，并构成极锋。

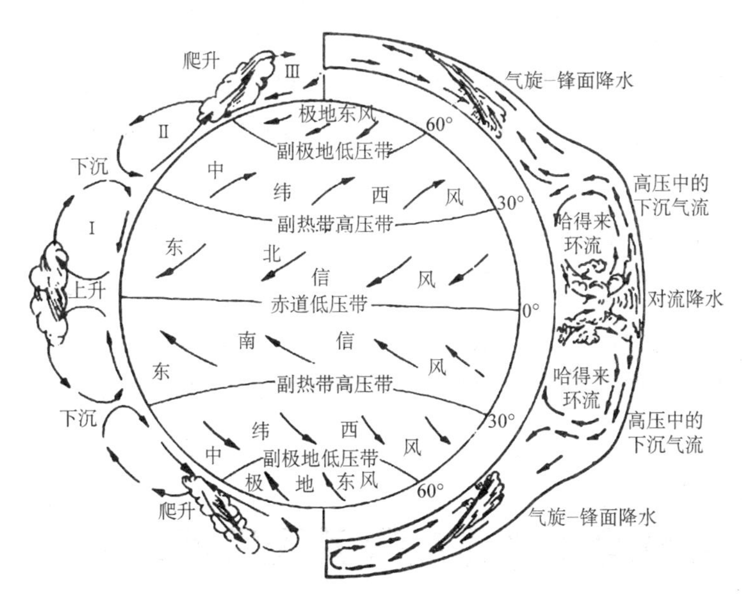

图 16　世界气压带和风带示意图

从极锋中爬升到高空的暖气流又分成两支。一支流向高纬，在高空冷却不沉，补偿极地下沉流向低纬的空气，这样就在高纬地区南、北半球各形成一个闭合环流圈，称为极地环流圈。

而另一支流向低纬的气流；与低纬地区流向高纬的气流在副热带高压上空相遇下沉，到地面形成南北分流，这样就在南、北半球各形成一个与信风环流圈和极地环流圈流向相反的环流圈。中纬度的这种逆环流是 1856 年美国威廉·费雷尔提出的，因此称为费雷尔环流圈。

以上三圈环流大体上反映了全球大气环流的最基本情况：赤道与两极之间的温差是引起和维持大气环流的基本原因；地转偏向力

使赤道和两极温差所引起的南北向环流变为纬向环流;大气环流的基本形势是纬向气流为主。

由于海陆分布和地形的影响,大气环流的运行并不十分规则。冬季大陆是冷源,其上空形成庞大的冷高压,如亚洲东部的西伯利亚高压;而夏季大陆是热源,其上形成范围广阔的热低压。大洋中也存在一些常年性的高低气压系统,它们都会在一段时间和一定范围内改变气流原来的运行方向。有些地区又存在着大范围随季节改变的风系。这一切造成了大气环流的曲折复杂性,但其本身又是大气环流的组成部分。

大气是一个整体,地面空气的运动受着高空气流引导。因此,在地球上的大部分地区,地面空气运动所产生的天气和天气系统,都是自西向东移动的。特别是我国大部分地区位于北半球西风带的领域里,因此,影响我国的天气系统总是自西向东移动的。

在空中悬停的飞机和气球炸弹

1944 年太平洋战争即将结束,美国夺回了被日军占领的马里亚纳群岛,利用B-29型飞机从提尼安岛上的基地起飞,不断地对日本进行轰炸。可是,有很多次,飞行员发现要完成任务非常困难,因为向西飞行在9 100米高空附近,经常会碰到莫名其妙的强大西风,尽管飞机马力开到最大,座舱外狂风呼啸,气流急速向后飞驰,但机组人员向地面望下去时,飞机仍悬停在原来的地方,几乎无法靠近目标。

原来,美国飞行员遇到了西风急流。

西风急流是一个风速集中的带状气流。在中纬度(20°～60°)地区大约离地面5 000～15 000米处,大气基本流向是自西向东沿纬圈方向环绕地球一周的。这个带状风区就是西风带。南、北半球西风带中又各暗藏有急流。急流位于对流层顶附近或平流层中，距地面10 000米高空上，宽度一般为300～500千米，厚度约3 000米，长度可达10 000～12 000千米，像一条弯弯曲曲的河流自西向东奔腾不息（图17）。那里的风速特别大，可达30米/秒以上，最强时达到100～150米/秒（图18）。这种高空西风带中的急流，人们称之为西风急流。

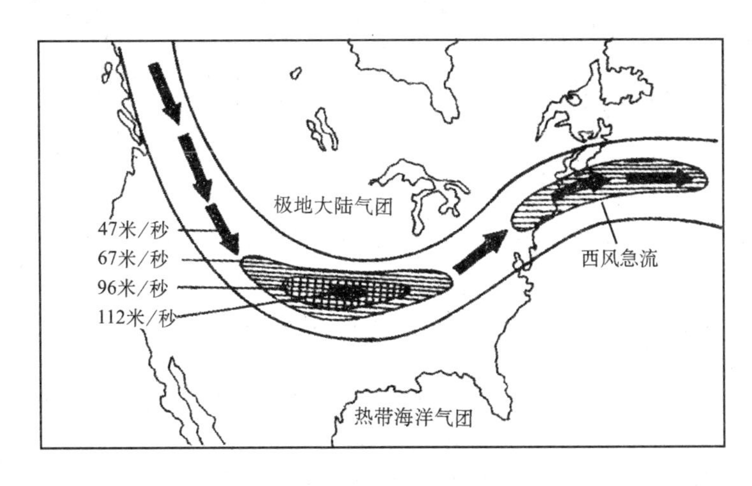

图17　西风急流示意图

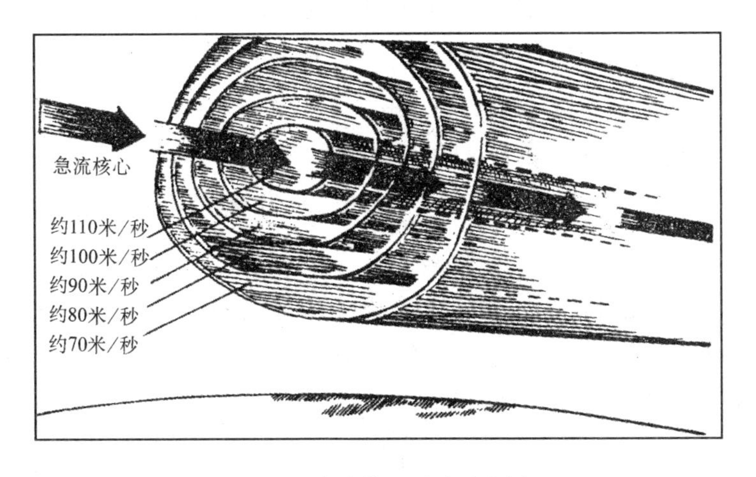

图18　急流核心风速示意图

从中国上空，经日本到东太平洋，就有一条风速很大的急流。按现在资料可知，这条西风急流的强度，冬半年曾达到150～180米/秒，甚至达

200 米/秒。美国轰炸机正是碰上这条急流而被吹得悬停在空中的。

当时，日本人为报复美国，也开始打上了西风急流的主意。因为顺着这个急流可以跨太平洋而直达美国。于是日本制作了许多气球。气球装上炸弹、燃烧弹，还在气球的吊篮里装有控制高度的沙袋。以风速计算，气球升空顺着高空强西风飘向美国，2～3 天即可到达并降落地面。1944 年 8 月 1 日上午，日本四国岛东部海滨的一个秘密基地，几百只乳白色的大气球升空，越洋跨海向东飞去了。随后，至 1945 年 4 月，日本共施放气球炸弹9 000多个。据美国统计，到达美国的至少有 287 个。

气球炸弹给美国人惹了不少麻烦，引起许多森林大火。开始时，美国人不知道“火源”从何而来。后来，西海岸警卫队的一艘巡逻艇执勤时，在近海发现了几片有“日本造”字样的乳白色氢气球残片；不久，俄勒冈州的一个小区小学组织学生旅游，发现了挂在树上的气球和悬挂物。好奇的孩子去拉动牵引绳竟拉响了一颗炸弹。5 名学生和 1 名女教师被炸死。此事发生后，经气象部门和其他部门大量考察研究，才明白 1944 年下半年以来一系列稀奇古怪的爆炸和火灾的肇事者都是这些可怕的气球。因此，美国人费尽心思地搜集情报预防气球炸弹，据说还派了大批妇女去昼夜守护呢。

日本人在使用气球炸弹后就着手收集美国报刊的反应。1944 年 11 月 4 日的《旧金山晚报》发了一则海面发现不明飞行物短讯，俄勒冈师生被炸的消息也见诸报端，此后却再也没有这方面的信息了。由于美国人识破了日本人的诡计，所以，国会批准禁止全国的一切新闻媒介刊登播放有关气球炸弹的消息，以使日本人无法了解攻击的战果，动摇日本人对气球炸弹的信心。

美国对新闻的封锁达到了目的。1945 年春，美国西部的森林区到了火灾危险期，正当美国人日夜担心，无计可施时，日本人的气球炸弹却再无踪影。原来，日本军界因收集不到气球炸弹战果的任何信息，以为自己的计划失败，自动停止了气球炸弹的攻击了。

F 气压和风

“大自然害怕真空”

公元前三世纪，古希腊有一位伟大的学者名叫亚里士多德，他在几乎所有的传统学科领域都有贡献，至今仍普遍受到西方国家人们的崇拜。

“大自然害怕真空。”这句话就是亚里士多德的名言。其意思是，大自然不能容忍真空，一旦出现没有空气的真空，自然物就会拼命去占领。这个道理似乎很好地解释了人们遇到的真空现象，如用吸管喝水、用虹吸管来输送水等。因为大自然不允许真空存在，一旦虹吸管中空气被抽光，水就会代替空气涌过来填充，这样水就被抽出来了。

然而，事实并非像亚里士多德所说的那么简单。

1640 年夏天，意大利佛罗伦萨市有一位名叫塔斯坎宁的大公爵，他在自家庭院里挖了一口很深的井，并装上马力很大的一台抽水机。佛罗伦萨市的许多王公贵族都应大公爵的邀请前去观看抽水机正式喷水表演。

一切准备工作就绪了，大公爵宣布抽水机开始喷水。可是，只听见抽水机“咕噜噜、咕噜噜”的响声，却不见一滴水流出来。技师们一遍又一遍地检查抽水机的各个部位，找不出半点毛病，但却发现抽水机只能将水吸到大约 10 米高的地方，就不再“害怕真空”，不再上升了。

大公爵急得不知怎么办才好，只好派技师跑去请教大科学家伽利略。但当时伽利略已是 76 岁的老人了。他双目失明，疾病缠身，无法亲自去实地观察了解。伽利略曾经对“大自然害怕真空”的说法产生过怀疑。他听了人们关于抽水机抽不上来水的情况介绍后，猜想空气本身会不会有压力呢？可是不久，伽利略逝世了，他未能亲自用实验来说明这个问题。

在此前后，有许多工矿深井里的抽水机，也发生过这个毛病。最好的抽水机抽水高度也只能达到10米左右。当时的抽水机都是把一个大小刚好合适的活塞配在一个圆筒里。手往下压时，活塞被提上来，从而圆筒的下部分出现一段真空。所以周围的水会打开筒底的单向阀门涌入真空。如果反复手抬压，会把筒内的水越提越高，直到从筒口流出。但出水高度都未超过10米左右。

伽利略逝世两年以后，他的学生托里拆利根据伽利略的猜想继续进行研究。他认为水能沿真空管上升，并不是什么害怕真空，而是大气的压力压上去的。因为活塞在贴近水面之处往上抽，使管内的空气被抽出，管内水面失去或减小了大气压力，管外水面的大气压力将水压进管内。又因为大气压相当于10米高水柱的压力，所以最好的抽水机也只能将水吸到10米高左右。如果抽水机换抽煤油，因为煤油比水轻，抽出煤油的高度就会超出10米。如果所抽的液体比水重，那液体柱的高度就会低于10米。

1644年6月11日，托里拆利选用水银进行了实验。因为同样体积的水银的质量是水的13.6倍，所以在同样压力条件下，水银上升的高度就是水的1/13.6。托里拆利用一根大约1米长的一端封闭的玻璃管，里面灌满水银，用手指堵住开口的一端，倒立在水银槽内。当手指放开以后，玻璃管内的水银下降了一点就停止下降了，管内水银柱高度是76厘米。如果往水银槽里加一些水银，管内的水银柱上升，但水银柱顶端到水银槽液面的高度仍然是76厘米。如果将玻璃管倾斜，进入管内的水银虽然多些，但水银柱到水银槽液面的垂直高度仍然只有76厘米。管内水银面的上方没有空气，被命名为托里拆利真空。这个实验就是托里拆利实验(图19)。

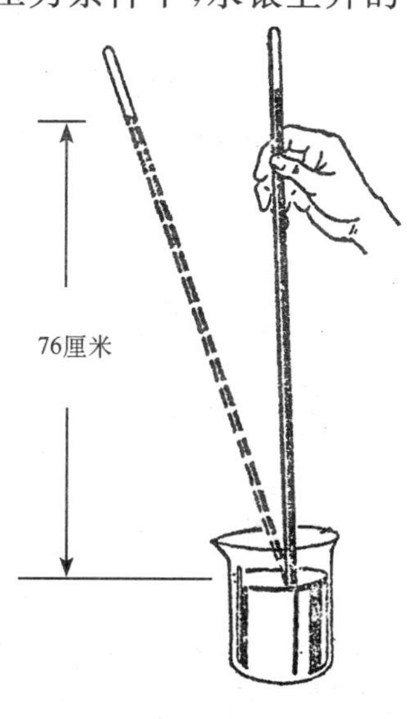

图19　托里拆利实验示意图

托里拆利的实验重复做了多次。他用实验说明，作用在玻璃管外的水银槽液面上有一个压强，这个压强和管里 76 厘米高的水银柱的压强相等。当管中水银柱高于 76 厘米时，管中的压强大于外面的压强，水银往外流入水银槽里，管中水银柱就下降，直到管内外压强相等。

人们开始明白：76 厘米水银柱高度约为同截面 10 米水柱的 1/13.6，也就是说，76 厘米水银柱产生的压强，正好和 10 米水柱产生的压强相等；它也是和同截面上空气柱所产生的压力相互平衡的。可见作用在玻璃管外水银槽液面的压强，就是地球大气层产生的压强。这种压强叫做大气压强，简称大气压。

当托里拆利把自己的实验结果写成论文发表不久，法国数学家帕斯卡请他的一个亲戚帮助在山顶上和山脚下同时做托里拆利实验，结果表明，水银柱的高度在山脚下要比山顶高。也就是说，空气的压力不是到处都一样的，山顶上的大气压力要比山脚下小些。

气象上的气压指的是单位面积上方大气柱的质量，也就是大气柱在单位面积上所施加的压力。这种压力就是用水银柱的高低测量的。人们测出：在纬度 45°的海平面上，温度为 0 ℃的情况下，水银柱的高度为 76 厘米，此时每 1 平方厘米面积上所支持的空气柱质量为 1 013.25 百帕，或 76 厘米水银柱高。这样的大气压力称为 1 个标准大气压，或 1 个大气压。

当前气象学上采用的标准气压单位为百帕。1 百帕就是 1 毫巴，即千分之一巴，相当于在 1 平方厘米面积上受到 1 000 达因①的力（也

①达因就是使 1 克质量的物体获得 1 厘米/秒^2 加速度需要的力。日常生活中常用千克力做力的单位，1 千克力就是 1 千克质量的物体所受到的重力，它能使这物体获得大约 980 厘米/秒^2 加速度，因此 1 千克力大约等于 980 000 达因。大气压强也常用厘米水银柱做单位，厘米水银柱也叫“托”。标准大气压规定相当于 76 厘米水银柱或 76 托，等于 1 013.25 毫巴或 1.013 25 巴。在国际单位制中，压强的单位符号为 Pa，单位名称为帕，1 帕等于 1 牛顿/米^2，牛顿也是力的单位，等于 10^5 达因，所以 1 帕等于 10 达因/厘米^2。1 毫巴等于 100 帕，1 巴等于 10^5 帕。20 世纪 80 年代中期以前一直使用毫巴作为气压单位，毫巴在数值上与百帕相同，但现已属非法定的气压计量单位。

就是 1 平方厘米受到约 1 克物体的压力)。

从海平面向上升,大气柱渐渐变短,大气逐渐稀薄,气压表上的水银柱也渐短,说明气压逐渐变小。在海拔 200 米的高度上,水银柱高 597 厘米,在海拔4 000米的高度上,水银柱高 466 厘米,在海拔1 000米高空,水银柱就仅有 256 厘米高了。这说明气压是随着高度升高而降低的。

气压变化揭密

任何物体在大气中都要受到大气对它的压力。

由于地球引力的作用,大气被“吸”向地球,因而产生了压力。所以靠近地面处大气压力最大。

然而在地球表面各处的气压并不完全相同,而且在同一地区,气压也是时刻变化的。

谁都知道水要 100 ℃才沸腾。可是必须说明,只有在 1 个大气压的情况下水的沸点才是 100 ℃。气压降低了,水的沸点也会跟着降低的。

在我国青藏高原上,人们要做顿大米饭吃,一不小心,饭就会夹生,只有把锅盖得严严密密的,利用锅里的蒸汽压强来提高水的沸点,才能把饭煮熟。如果在世界屋脊——珠穆朗玛峰顶上做饭,水在73.5 ℃就沸腾了。

人到高山就会觉得不舒服。这是因为那里氧气缺少和大气压力降低的缘故。如果大气压力突然降低,溶解在人体血管里的空气就会释出,成为一个个小气泡。这些小气泡塞住了血管,使血液不能畅通流动,人便会感到头晕恶心,甚至还会感到肌肉和关节痛,胸痛胃痛,咳嗽不止,流鼻血。如果没有采取防护措施,这对人是有危险的。

可是经过锻炼以后，逐渐适应这种环境，那就完全可以在比较高的地方生活。

例如，在我国西藏的南部，有一些牧民居住在海拔 6 461.76 米高地的帐篷里。这是世界上地势最高的居住建筑。这些高地上的大气压力，差不多只相当于半个标准大气压。

我们已经知道，90％的空气是集中在离地面 16 千米高空以下的空间里的，所以在海拔愈高的地方，它上面的空气就变得愈稀疏，大气压力当然也变得愈低了。珠穆朗玛峰高 8 848 米，峰顶的大气压大约只有海面上大气压的三分之一。

所以，气压是随高度的增加而递减的，如表 1 所示。

表 1　大气压强随高度递减表

高度(千米)	0	10	20	30	50	80	100	200	300
大气压力(百帕)	1 000	260	55	12	1.3	0.03	0.004	0.000 000 9	0.000 000 000 9

矿井底下的大气压力要比地面上大。一般说来，每下降 10 米或 11 米，大气压强就增加 1 毫米高水银柱。不过这增加的大气压，人是完全感觉不出来的。没有经过训练的人，一般可以承受 3 个大气压，也就是说，人到达地面以下 9 千米的地方是不成问题的，再深就得带上防护装备了。

气压还随着水汽的密度加大而降低。水汽比空气轻。当空气中水汽含量较多的时候，较轻的水汽顶替了较重的一部分干空气，气压就相应地低一些。相反的，水汽少时，气压就高些。

气压又是随着气温的增高而降低的。在气温较高的地方，空气膨胀上升，并向四周流散，这样大气层的空气减少了，密度变小，气压降低。在气温较低的地区，空气收缩下沉，密度加大，四周的空气必然流来补充这个空缺，这样大气层的空气就增多，气压也随着升高。一般说来，气温不同是同一地区气压变化的主要原因。

地球各纬度上的引力不同，这对气压也有影响。前面所说的标准大气压就指的是气温在 0 ℃、纬度 45°的海平面上的大气压力。而地球表面上的气温分布既受纬度差异的影响，同时又受海陆差异和地形起伏等因素的影响，这样就使得地球上的气压并不是均匀地沿纬圈分布，而是产生许多大大小小的高、低气压区，也称大气活动中心。这些大气活动中心由大气环流联系在一起，它们相互影响，相互制约，而大气环流也随之变得十分复杂。

一个固定地方的气压是经常变化的，时而升高，时而降低。在一天里，由于气温的变化，通常是早晨气压升高，下午气压降低；晚上，上半夜气压升高，下半夜气压降低。在一年里，四季气温不同，气压也随着变化。大陆上，气压的最小值见于夏季，最大值见于冬季。海洋上的情况正好相反，即夏季气压高，冬季气压低。这是因为，夏季海洋上的气温低于陆地，空气密度大，所以气压高。冬季则相反。

天气的变化，对气压的影响也很大。当冷空气或暖空气侵入时，气压有显著的升高或下降现象，一般阴雨天的气压变化比晴天大。所以，气压的变化常常是天气变化的先兆。早在 17 世纪，就有人以气压的高低变化来预测未来的天气了。

刮风之谜

彩旗飘舞，树枝摇曳，尘沙飞扬，海浪奔涌……这些都是空气流动的表现。

空气一流动，就形成了风。

可是，空气为什么会流动呢？

让我们先来做个实验吧。在一个纸盒底上，挖两个圆洞，把它底朝天反扣在桌上。拿半截蜡烛，点燃，放在一个圆洞里。再拿两

个灯罩，分别插在两个圆洞上。然后，拿一根点着的香，先后放在两个灯罩上，看会发生什么现象。把香放在点燃蜡烛的灯罩上，烟仍旧笔直往上升。把香放在另一个灯罩上，烟却往下沉，钻到灯罩里去了。

原来，这时候，两个灯罩里的气压是不相同的。空气有热胀冷缩的脾气。尽管两个灯罩一般大，但是点燃蜡烛的灯罩里的空气，比没有蜡烛的灯罩里的空气热一些，体积就膨胀起来，密度变得小一些，重量也较小一些，也就是气压低一些。由于热空气的气压比冷空气的低，就容易膨胀上升。热空气上升后，周围的冷空气由于密度较大，气压较高，就会流过去填补空缺。这样一来，空气由于气压不同就流动起来了(图 20)。

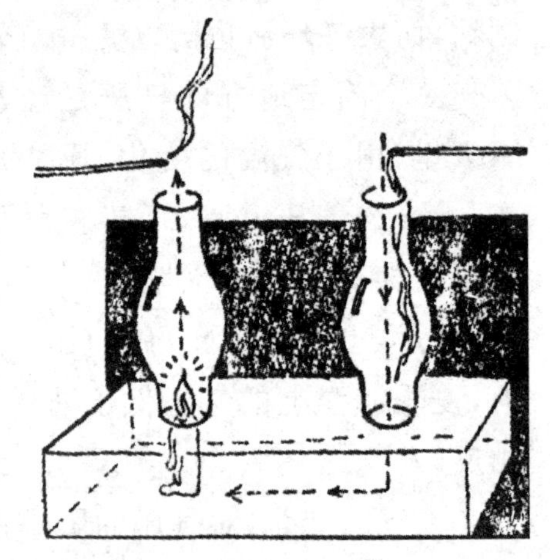

图 20　空气流动的实验

在地面上，太阳光照射的地方，温度就慢慢上升，也就是把贴近地面的空气烘热了。然而，地球表面各处照射到的太阳光是很不均匀的。赤道附近光照最强，至两极附近光照则很弱。就局部地区来说，有寸草不生的沙漠或秃坡，有长满庄稼的田野，有茂密的森林，还有江河与海洋，被太阳光照热的程度也各不相同。于是，近地面的空气也变得有些地方比较冷，有些地方比较热。热空气膨胀起来，变得比较轻，就往上升，这时附近的冷空气便进来填补，冷空气填进来遇热又上升，这样冷热空气就不断流动起来了。

冷而密的空气压力大，气象学上叫它高气压；暖而稀疏的含水汽多的空气压力比较小，就叫做低气压。空气总是要从比较密的地方向比较稀疏的地方流，也就是总是从高气压的地方流向低气压的地方。这正像水库里的水，从水位高、水压力大的水库，向水位低、水压力小的水渠稻田流去一样。

不过，并非所有的空气流动都叫做“风”。大的空气团的流动按其流动方向，上下流动叫垂直运动，左右流动叫水平运动。而小块空气的流动从来就不遵循什么水平方向和垂直方向。在气象学上，空气极不规则、杂乱无章的运动称为湍流，空气垂直运动叫做对流，空气的水平流动和有水平分量的空气流动才称为风。空气从气压高的地方流向气压低的地方，而且只要有气压差存在，空气就一直向前流动，这就是风。

是什么力量推动空气向前流动呢？是气压梯度力。

图 21 中画着一条条弯弯曲曲的等压线。凡是同一条等压线上的气压都相等。等压线分布的疏密程度，表示单位距离内气压变化的大小，称为气压梯度。等压线愈密集，表示气压梯度愈大，这和地形分布图上以地形等高线的疏密分布表示坡度的平陡有相似之处。地形等高线愈是稀疏，表示那里地势比较平坦，而在地形等高线非常密集的地方，那里一定是个陡坡。如果在斜坡上造起每级高度相等的石阶梯，每一阶梯相当于一条地形等高线，那么地形坡度愈大，阶梯的间隔距离就愈短——地形等高线愈密集；若地形坡度愈平坦，则阶梯的间隔距离便愈大——地形等高线愈稀疏。既然地形分布图上的等高线可以比喻气压分布图上的等压线，那么气压梯度也就好比阶梯的坡度了。各地的气压如果发生了高低的差异，也就是说两地之间存在气压梯度的话，气压梯度就会把两地间的空气从气压高的一边推向气压低的一边，于是空气就流动起来了。

这可以拿江河中水流来做比喻。水从高处流向低处，这是因为高处的水和低处的水存在着水位差，如图 22 所示。水位差使上下游同一水平面上的两点——A 和 B 之间发生了重力差异，上游 A 处所受的水柱压力显然要大于下游 B 处。于是便产生从上游向下游的侧压力，水就在这种侧压力的作用下，顺着倾斜的河床从上游流向下游，从高处流向低处。两地间的水位差愈大，A，B 间的重力差异也愈

大，水就流得愈快。

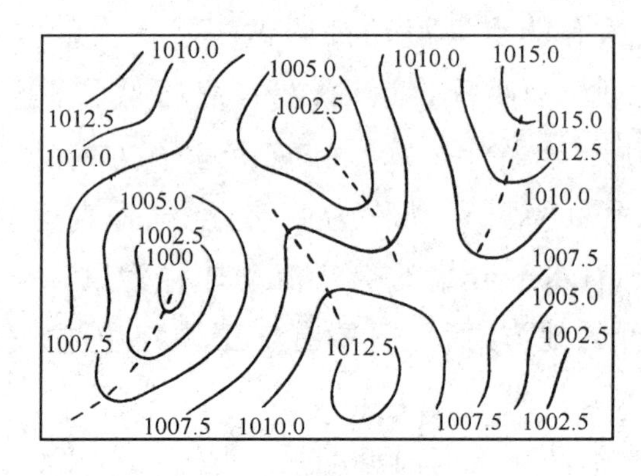

图 21　海平面等压线图（单位：百帕）

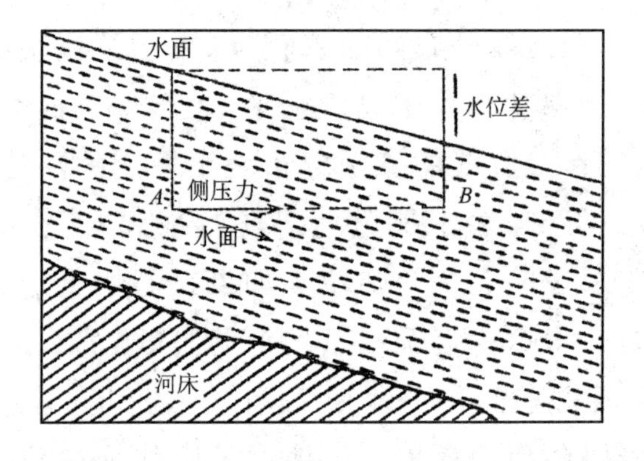

图 22　江河水流示意图

同样，空气也在侧压力的推动下，从气压高处流向气压低处。两地间气压差愈大，即气压梯度愈大，空气流动也愈快，风刮得愈起劲。气象学家把由于气压梯度而产生的这种侧压力称为气压梯度力。很明显，它的大小是与气压梯度成正比的。

现在我们明白了：空气的流动是由气压梯度力推动起来的，风刮得猛还是弱也是由气压梯度力的大小来决定的。如果气压梯度力等于零，就不会有风产生了。

从微风到大风

在气象台发布的天气预报中，我们常会听到这样的说法：风向北转南，风力 2 到 3 级。这里的“级”，大家都知道它是表示风速大小的。

风速就是风的前进速度。相邻两地间的气压差越大，空气流动越快，风速越大，风的力量自然也就大。所以通常都是以风力来表示风的大小。风速的单位用米/秒、千米/小时或海里/小时来表示。气象台发布天气预报时，用的大都是风力等级。

风力的级数是怎样定出来的呢？

在 1 000 多年前的我国唐代（公元 618—906 年），人们除了记载晴阴雨雪等天气现象之外，也有了对风力大小的测定。唐朝初期还没有发明测定风速的精确仪器，但已能根据风对物体的影响，计算出风的移动速度并确定风力等级。著名天文学家李淳风（公元 602—670 年）《观象玩占》里就有这样的记载：“动叶十里，鸣条百里，摇枝二百里，落叶三百里，折小枝四百里，折大枝五百里，走石千里，拔大根三千里。”这就是根据风对树产生的作用来估计风的速度，“动叶十里”就是说树叶微微飘动，风的速度就是日行十里，“鸣条”就是树叶沙沙作响，这时的风速是日行百里。李淳风又根据树的表征，把风划分为八级，写入《乙巳占》一书中：“一级动叶，二级鸣条，三级摇枝，四级坠叶，五级折小枝，六级折大枝，七级折木、飞沙石，八级拔大树及根。”（图 23）这八级风，再加上“无风”“和风”（风来时清凉、温和，尘埃不起）两个级，可合十级。这可以说是世界上最早的为风力所定的等级。

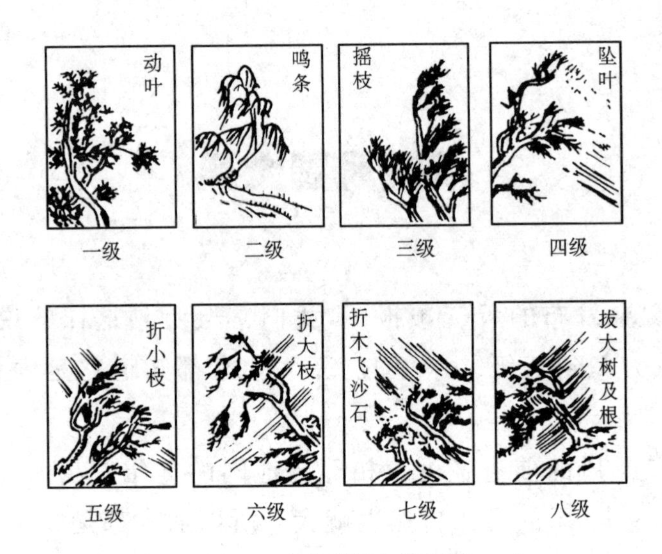

图 23　唐代的风力等级图

到了 200 多年前，各国仍然没有测量风力大小的仪器，也没有统一规定，都是各自按自己国家定的观测方法来表示风力。后来，英国海军将领蒲福通过仔细观察海上渔船和陆地上各种物体在大小不同的风里的情况，积累了十几年的经验，才在 1805 年把风划分为 0～12 级（0 级为无风）共 13 个等级。各个风力等级除了以风划定外，还列入对应的近海岸渔船征象及陆地地面征象（表 2）。百余年来几经修订补充，蒲福创立的风级划分方法得以解释得更清楚了，并且扩展到 18 个等级，成为现在全世界广泛采用的风级标准。

表 2　蒲福风力等级表

风力等级	名称	海面风浪	海面浪高（米）		海面和渔船征象	陆地地面征象	相当于平地 10 米高处的风速	
			一般	最高			（米/秒）	（千米/小时）
0	无风	平稳	—	—	海面平静如镜	静，烟直上	0.0～1.5	<1
1	软风	涟漪	0.1	0.1	微波如鳞，波峰无沫；渔船略觉摇动	烟能表示风向，但风向标不能转动	0.3～1.5	1～5

续表

风力等级	名称	海面风浪	海面浪高（米）		海面和渔船征象	陆地地面征象	相当于平地10米高处的风速	
			一般	最高			（米/秒）	（千米/小时）
2	轻风	微波	0.2	0.3	波小而短，较明显，波峰呈玻璃色，未破裂；渔船张帆，每小时可随风移行1～2海里（约2～4千米）	人面感觉有风，树叶微响，风向标能转动	1.6～3.3	1～11
3	微风		0.6	1.0	小波加大，波峰开始破裂，沫呈玻璃色，偶有白色浪花；渔船开始颠簸，张帆时每小时可顺风移动3～4海里（约6～7千米）	树叶及微枝摇动不息，旌旗展开	3.4～5.4	12～19
4	和风	轻波	1.0	1.5	小浪渐长，白色浪花较多：渔船最适于作业，满帆时船身侧于一方	能吹起地面灰尘和纸张，树的小枝摇动	5.5～7.9	20～28
5	清劲风	中波	2.0	2.5	中浪，浪形较长，白色浪花成群出现，偶有飞沫；渔船需收一部分帆	有叶的小树摇摆，内陆的水面有小波	8.0～10.7	29～38
6	强风	大浪	3.0	4.0	大浪开始形成，白色浪花到处伸展，常有飞沫；渔船需加倍缩帆，捕鱼时需小心从事	大树叶摇动，电线呼呼有声，撑伞困难	10.8～13.8	39～49
7	疾风	巨浪	4.0	5.5	海面堆叠，碎浪的白沫开始风吹成条；渔船留于港内，在海者抛锚	全树摇动，迎风步行，感觉困难	13.9～17.1	50～61

续表

风力等级	名称	海面风浪	海面浪高（米）		海面和渔船征象	陆地地面征象	相当于平地10米高处的风速	
			一般	最高			（米/秒）	（千米/小时）
8	大风	猛浪	5.5	7.5	浪长而较高，波峰边缘多破裂成飞舞浪花，风吹浪沫成明显条纹；一切渔船返港	折毁树枝，迎风步行感觉阻力甚大	17.2～20.7	62～74
9	烈风		7.0	10.0	浪已高，浪沫沿风密布，浪峰开始有高耸、下塌、翻卷现象，浪花偶或减低视程	建筑物有小损（烟囱顶盖及平瓦移动）	20.8～24.4	75～88
10	狂风	狂浪	9.0	12.5	浪很高，具有长而高悬的浪峰，所成大片浪沫沿风密集成白条纹，海浪翻滚，击拍加强，视程减低	陆地少见，见时可使树木拔起，建筑物损坏较重	24.5～28.4	89～102
11	暴风	暴涛	15.0	16.0	海涛较高，足以暂时掩蔽浪后中小船只，全部海面为沿风伸展的条条白浪沫所掩盖，涛峰边缘到处破裂起泡沫，视程大减	陆上很少见，有则地物必有广泛损坏	28.5～32.6	103～117
12	飓风		14.0	—	空中充满浪花及飞沫，海面全白如沸，视程严重减弱	陆地绝少见，摧毁力极大	≥32.7	≥118

我国一直采用13级的风级标准。凡是风速超过12级最低标准(32.7米/秒)以上，都认为是12级，不再具体分13～17级。有些地方还把风力等级的内容编成了如下歌谣，以便记忆：

零级无风炊烟上；一级软风烟稍斜；

二级轻风树叶响；三级微风树枝晃；

四级和风灰尘起；五级清风水起波；

六级强风大树摇；七级疾风步难行；

八级大风树枝折；九级烈风烟囱毁；

十级狂风树根拔；十一级暴风陆罕见；

十二级飓风浪滔天。

其实，在自然界里，风力有时会超过12级的，像强台风中心的风力或龙卷风的风力，都可能比12级大得多，破坏力很大。

风在每秒钟内所移动的水平距离——风速，可以由风级换算而来，其口诀是“从1直到9，乘2各级有”。意思是：从1级到9级风，各级分别乘2，就大致可得出该风的最大速度。譬如1级风的最大速度是2米/秒，2级风是4米/秒，3级风是6米/秒……依此类推。各级风之间还有过渡数字，比如1级风是1～2米/秒，2级风是2～4米/秒，3级风是4～6米/秒……依此类推。

由于风速随高度升高而增大，所以目前气象台站将风向风速仪按规定安装在离地面10～12米的高度上，如果附近有障碍物，安置时至少要高出障碍物6米以上（图24）。风速又总是阵性的，所以观测风速取2分钟的平均数。风速计的指针一旦达到或超过17米/秒则称这一天为大风日。

图24　风向风速仪

高空各高度的风向风速常用施放气球的办法测得。

风的方向

人们把风吹来的地平方向确定为风的方向。风来自北方叫做北风,风来自南方叫做南风,其余类推。气象台预报风时,若风在某个方位左右摆动不定,则加个“偏”字,如偏北风。

三千多年前,我国殷代就有东风、西风、南风、北风的名称了。那时候,东风叫“劦”(音“协”),南风叫“岂”(音“凯”),西风叫“夷”,北风叫“殴”(音“寒”)。以后逐渐发展到春秋时期,《左传》中记载的风向扩展到八个方位,即不周风(西北风)、广莫风(北风)、条风(东北风)、明庶风(东风)、清明风(东南风)、景风(南风)、凉风(西南风)、闾阖风(西风)。到了唐代,风的观测又扩展到二十四个方位。唐代科学家李淳风在《乙巳占》中的一张占风图里,不仅列出了二十四个风向的名称,并且指出这些方位是由八个天干、四个卦名、十二辰(地支)组合而成的。“子”指北方,“午”指南方,“卯”指东方,“酉”指西方。还举例说明了判定风向的方法(图 25)。

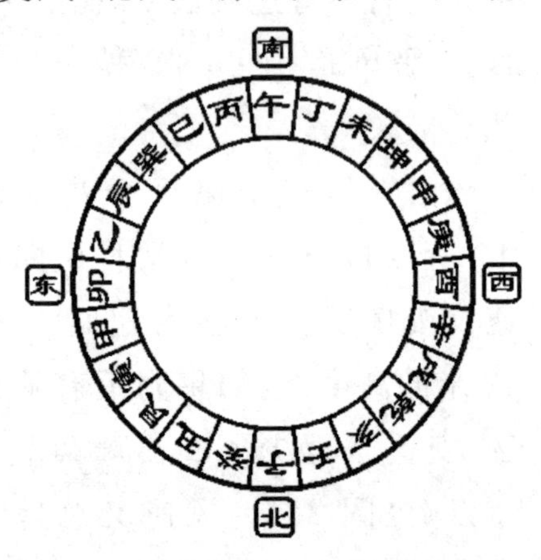

图 25　中国古代二十四方位

现在,风向在地面用方位表示,如陆地上,一般用 16 个方位表示(图 26);海上多用 36 个方位表示;在高空则用角度表示。用角度表示风向,可以把圆周分成 360°,北风(N)是 0°(即 360°),东风(E)是 90°,南风(S)是 180°,西风(W)是 270°,其余风向的度数都可以由此计算出来。为了表示某方向风出现的多少,通常用“风向频率”这个量,

它是一年(月)内某方向风出现的次数占各方向风出现的总次数的比例(用百分数表示),即

$$风向频率=\frac{某风向出现的次数}{风向的总观测次数}\times 100\%$$

由此计算出来的风向频率,可以知道某一地区哪种风向最多,哪种风向比较多,哪种风向最少。例如风向频率中 N 为 11%,就表明北风出现的频率为 11%。我国属于东亚季风区,华北、长江流域、华南及沿海地区,冬季多刮偏北风(北风、东北风、西北风),夏季多刮偏南风(南风、东南风、西南风)。

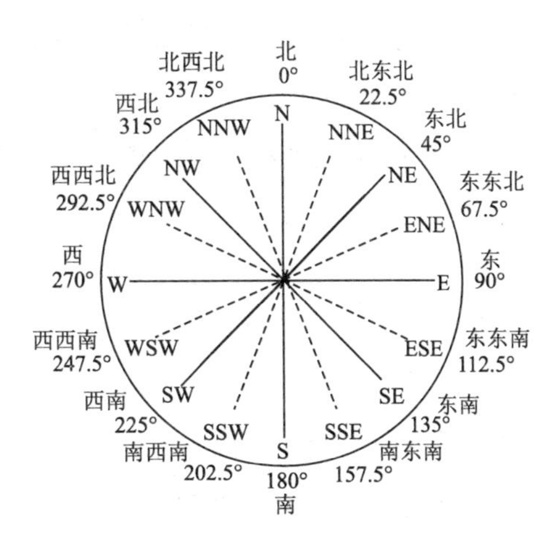

图 26　风向方位图

测定风向的仪器,在我国很早就有了。公元前 2 世纪,西汉典籍《淮南子》中载有一种叫“𬮼”(音 hōng)的风向器,它很可能是由风杆上系了布帛或长条旗的最简单的“示风器”演变过来的。《淮南子》中说“𬮼”在风的作用下,没有一刻是平静的,说明这种风向器相当灵敏。

两汉时期的风向器除“𬮼”外,还有“铜凤凰”和“相风铜乌”两种。公元前 104 年,汉武帝太初元年在古都长安建造了一座大宫殿,叫建章宫。建章宫的屋顶上装了四只铜凤凰,铜凤凰下面都装有转轴,来风时,凤凰的头向着风好像要飞起来。但是这种风向器,后来渐渐演变为装饰品,失去了作为风向器的作用。至于相风铜乌,这是一种铜做的风向器(图 27)。“相风”是观测风的意思,“乌”是一种鸟。相风铜乌装在汉代专门观测天文气象的灵台上。

图 27　相风铜乌

最初，它造得比较笨重，要在风很大的时候，“乌”才随风转动，指着风的来向。以后经过不断改进，渐渐变得比较轻巧灵敏，小风吹来也能够转动。“相风铜乌”比欧洲的“候风鸡”要早一千多年。到了晋代，出现了木制的相风乌。此后，相风木乌就渐渐普遍了。

不过，木制的风向器也还是不太方便，它的构造比较复杂，只能安装在固定的地方。从军事和交通需要上来看，风向器还是采用更轻便的为好。这种更轻便的风向器是用鸡毛做的，由“𫓯”等演变而来。所用的鸡毛重量约五两到八两，编成羽片挂在高杆上，让它被风吹到平飘的状态，再进行观测，称为“五两”。这种风向器，在唐代以前就有了，在唐代和唐代以后，使用非常普遍。

目前，我国气象台站普遍采用国产的 EL 型电接风向风速仪。它主要由双叶菱形风向标和三杯圆锥形转杯风速仪构成。这种仪器统一规定安装在离地面 10～12 米的高度上。观测风向的风向标是由平衡锤和风标尾翼组成的不平衡装置，它可以绕轴自由转动，重心在转动轴的轴心上，在风力作用下，由于平衡锤小，尾翼叶大，两端受风力作用不一样，因此，风向标必然以平衡锤迎着风向。平衡锤指在哪个方向，就表示当时刮什么方向的风。

风向的变化常常很快，因而气象上观测风向有瞬间风向和平均风向之分。通常所说的风向不是瞬间的风向，而是观测 2 分钟的平均风向。空中风向是施放测风气球或用雷达探测其方位角和仰角，然后经过计算得出来的。

风的“善”与“恶”

茫茫大气的上下之间，特别是在贴近地面 20 千米内的辽阔空间里，风为地球各地传输着热量和水汽。大范围的热量和水汽混合、均衡，使空气的温度和湿度得到调节。风还能把云雨送到遥远的地方，使地球上的水分循环得以完成。

东北信风在大西洋接近赤道一带激起了强有力的海流。风把大量的海水驱向墨西哥湾，到了这里开始作圆弧形的沿着北美洲海岸的流动，而后穿过海峡再向广大的洋面流去。它与安的列斯岛的洋流会合以后，形成了世界上最强有力的海水流——墨西哥湾暖流，这股暖流将南方的温暖带到了欧洲西北部。有人估计，这股暖流每年给这里每 1 米长的海岸带来的热量，等于燃烧 6 万吨煤所产生的热量！

欧洲西北部温和的气候主要就是由墨西哥湾暖流造成的。而西欧温暖的气候，也大大地依靠不时从海洋吹来的西南风，这种风带来了温暖和潮湿的空气。

在北太平洋，东北信风把海水吹向西流（北赤道海流），由于西岸陆地的阻挡，它转向南、北方向。向北的这支从我国台湾东面进入东海，再向东北，然后从日本九州南面流出东海。这支海流比周围海水温暖，颜色蓝黑，称为黑潮暖流。黑潮暖流有一个小小的分支沿黄海向西北方向流去，穿过渤海海峡到达秦皇岛的沿岸一带，送去了大量的热量，这是这里冬季海水不结冰的一个重要原因。黑潮暖流的另一支直抵日本近海，足以使那里的海水温暖起来，冬季的水温要比同纬度的太平洋东岸地方高出 10 ℃左右。

在印度半岛，冬季季风——东北风，造成这里凉爽、干燥、明朗的天气。而夏季季风从印度洋吹来，是潮湿的西南风，这时全印度普降大雨，其农业收成都是与这种降雨相关联的。

我国多数地方受季风影响。夏季从海洋上吹来的暖湿气流，带来了丰富的雨量，使农作物能良好地生长。夏季风还深入到大陆内部，使那里不至于成为浩瀚的沙漠，大部分地区仍然是农牧业生产的好地方。

地方性的风对气候也有相当大的影响。在许多国家的多山地区

常常遭遇到的焚风就属于这种地方性的风。气流从高气压向低气压流动的过程中，遇到山脉阻挡时，便被迫沿着迎风面的山坡爬升，然后翻越山脊沿着背风面山坡飞泻而下。气流翻越山脊顺坡沉降，每下降 100 米，气温升高 1 ℃。这就是说，当空气从海拔 4 000～5 000 米高大的山岭沉降到山麓的时候，气温就会升高 20 ℃以上。焚风炎热而干燥，能在短时间内使大量积雪融化。北美洲西部落基山东坡，冬季积雪很厚，但到春天，焚风一吹，积雪就提早融化了。有时 24 小时内焚风就可以使 30 厘米厚的积雪全部融化。

植物的一生都离不开风的帮助。微风能帮助植物撒播花粉，让一些异花授粉的植物得到必要的花粉，使植物能“成家立业”，结出果实，繁衍生息，像青松、白杨和紫红的高果，就都是由风当了“媒人”才产生后代的。柳树、蓟花、榆树的种子都要借风遨游到远方，在新的环境里生长发育，继续繁荣自己的新家庭。

风还为植物的生育创造舒适的条件。随着微风的吹拂，植物群体内部的空气能不断地得到更新，使植物通风透光，少生病虫，并改善植株周围空气的二氧化碳浓度，使光合作用保持在较高的水平上。

远在两千多年前，人类就开始用风车灌溉田地，碾米磨面，用风帆驱动船只加速行驶。如今，科学家们让风带动发电机发电，还有人研制出了风帆万吨巨轮。风作为有助于减少污染的清洁能源，已成为能源舞台上的一个重要角色(图 28)。

如果没有风，污染的大气得不到稀释，人类赖以生存的空气就会如同“一潭死水”，污浊不堪，许多生物将难以生存。没有风，地球的向阳的地方，就会出现难以忍受的酷热，而背阴的地方却会出现奇寒，就像月亮那样成为死气沉沉的世界。

可是，不正常的风也给人类造成许多危害。当狂风怒吼的时候，风使已成熟的作物脱粒、落果、倒伏、折茎；狂风又能把肥沃的沙土吹走，使作物根部裸露；也会把别处的沙土吹来，淹没良田；它还能把大树连根拔起，把房屋吹坍，把船只吹翻……

图 28　风能发电

1969 年 1 月，在里海东面的克拉斯诺达尔和罗斯托夫这两个地方，刮起了一场险恶的黑风暴。当它光临时天昏地暗，飞沙走石，一连几天都不停。80 多万公顷[①]的麦苗被吹得满天飞扬，棕黑色的土地被狂风卷起，形成了长达数百千米的黑色雾浪。

1703 年的一场猛烈风暴在英国和法国将大约 25 万棵树连根拔掉，还破坏了 1 000 所房屋和教堂，使 400 只船撞到岸上。

1991 年 4 月 29 日夜，在孟加拉湾登陆的一场热带风暴以 240 千米/小时的速度，在海面掀起 6 米高的海浪，席卷了吉大港附近的孟加拉湾 20 多个岛屿和沿岸地区，顷刻之间把孟加拉国南部变为一片汪洋。这次风暴的受灾人口达1 000万，其中 13 万余人丧生，数百万人无家可归。

在有些高山和沙漠地带，大风长期吹击那里的岩石，以至于即使是最坚硬的岩层，也渐渐被吹酥而剥蚀下来了。大风中裹挟着的沙

①1 公顷＝0.01 平方千米，下同。

石一路上一起冲撞着、摩擦着并且破坏着岩石，会把岩石打得光溜溜的，或者是打成像蜂窝似的一个一个的凹洞或深坑，甚至造成对穿的穴道。从我国新疆罗布泊附近的雅丹地貌，到吐鲁番盆地的著名“风城”，各种嶙峋怪石宛如擎天长剑的风蚀柱，巉岩欲坠的风蚀崖酷似巨蟾安卧的风窝石，还有仿佛拱桥的风蚀石拱，犹如古代的铁甲武士列队而立的石丛……这些都是风对岩石玩的把戏。

山岩在被风破坏的过程中产生了大量的沙粒和尘土，有的沙粒被水冲到河流中及海边，有的则沉积在沙漠上，成为浮动的、容易飞扬的沙层。荒漠中的沙层常常对人类和文化进步形成威胁。历史上曾记载了不少的先例，在风力作用下的流沙，掩埋了城镇和大片的肥沃土地。

科学家研究证实，辽阔的黄土高原也是风力搬运和堆积而成的。

为了束缚风的“野性”，人们在沙漠、草原、海滨和山麓营植防护林带、林网，设下层层屏障，羁绊风的手脚，并且用现代化的气象仪器监测风的活动，以避其害而趋其利，让风为人类服务。

看风识天气

“东风送湿西风干，南风吹暖北风寒。”这则民间谚语在我国流传很广。它说明不同的风会带来冷暖干湿不同的天气。

我国东临海洋，西连大陆，风东吹西刮、南来北往，担负着交流寒暖、运送水汽的任务。东风湿、南风暖，暖湿的东南风为云雨的产生提供了丰富的水汽条件，只要一有上升的机会就会兴云致雨，所以有“要问雨远近，但看东南风”和“白天东南风，夜晚湿衣裳”的说法。而西风干、北风寒，晴天刮西北风，预示着继续晴冷无雨；雨天刮西北风则预示着干冷空气已经压境，云层升高变薄，不久就会云消雨散了，谚语说"西北风，开天锁"，正是这个道理。

不同的风向以及风向的变换，又往往反映了不同的天气系统的影响。不同天气系统有着不同的天气特点。随着天气系统的发展和移动，天气也相应地发展和变化。

在北半球温带地区，地面上如有两股对吹的风，它们往往是两股规模大、范围广，温度、湿度不同的冷气流和暖气流。南风多为暖湿气流，北风多为干冷气流。在暖湿气流和干冷气流相遇的地带，形成了锋面(图 29)。锋面一带，暖湿气流的上升运动最为旺盛。有时暖湿气流势力强大，主动北进，并凌驾于冷气流之上，向上滑升，冷却凝云。这时，天上云向(暖气流)与地上风向(冷气流)相反，"风与云逆行"，随着云层迅猛发展、增厚，便形成范围广大、连绵不断的云雨了(图 30)。有时，干冷空气的势力比暖湿气流强大，它主动出击，像一把楔子直插暖空气下面，把暖湿空气抬举向上，锋面一带便出现雷雨云带，雷鸣电闪，风狂雨骤(图 31)。

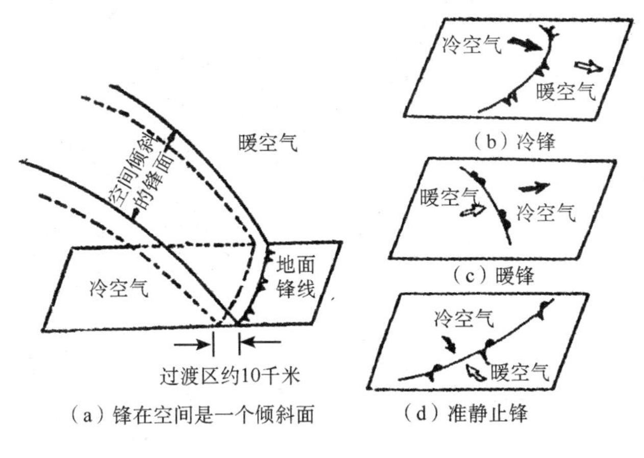

图 29 锋

锋面云雨带的生消、移动，决定于南北气流势力的消长，也就是与风的关系密切。某地南风劲吹，说明该地处于锋面云雨带以南，这时暖锋北去，天气晴暖。但是，"北风不受南风欺""南风吹到底，北风来还礼"，每一次吹南风的过程，虽晴暖一时，却又预示着北风推动冷锋

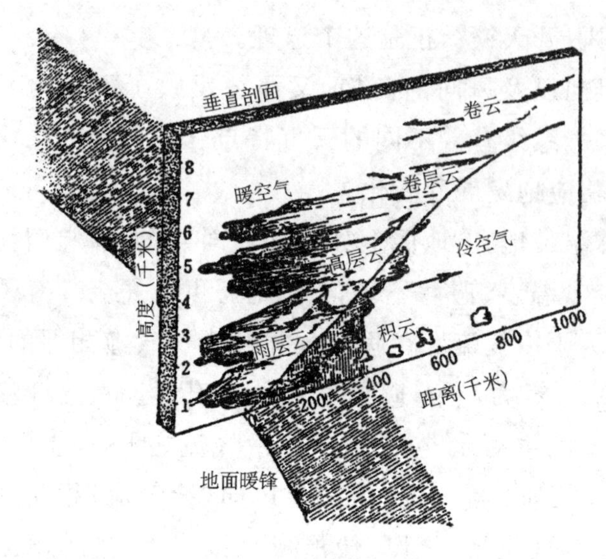

图 30　暖锋云雨

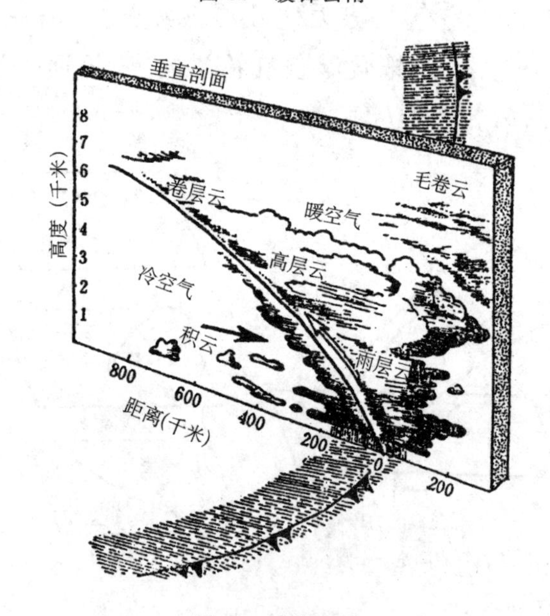

图 31　冷锋云雨

南下，所以，一旦转了北风，就会云涌雨落。而南风刮得愈久，说明暖湿气流积蓄的力量也愈强，当北方冷空气一旦南下，愈易出现势均力敌的拉锯局面，使锋面在这一地区南北摆动、徘徊不去，会形成连续阴雨的静止锋天气，因此有“刮了长东南，半月不会干”的说法。如果冷空气势力特强，南下的冷锋云雨往往一扫而过，一下子被推到南方的海洋上；北风愈猛，晴天愈长久，因此有“南风大来是雨天，北风大来是晴天”之说。

高气压和低气压的移动，也常常通过刮风而表现出来。高气压控制下的晴天，如果不刮风，表明高气压系统没有明显移动，晴天仍继续；低气压系统影响下的阴雨天，如果无风，表明低气压系统也很少移动，因而继续阴雨。我国位于北半球中纬度地带，伴有降水的低气压系统多由偏西方移来，所以一年四季的雨前风向多偏东，而且呈逆时针变化，即风向呈东南—东—东北变化；相反地，如果风向由东南到偏西变化，一般无雨，只有夏季地方性的积雨云出现时才有可能下雨。谚语“四季东风四季下，只怕东风刮不大”就说明了低气压系统影响前当地的风向。还有“雨后生东风，未来雨更凶”的说法，意为雨停后，仍有 3～4 级的偏东风，这是降雨暂停的征兆，表明西边还有低气压移来，未来会下更大的雨。

一般说来，在东北风中开始的降雨，下得时间长，雨量也较大。如果在将要下雨或开始下雨时，风向时而东北、时而东南，这叫做“两风并一举”，预示着移来的低气压系统范围大、移动慢，未来必有连阴雨。

在雨天，如果风向转为偏西，天气大多转晴。风向越偏西北方，风力越大，则转晴越快，晴天维持的时间也较长。有时西风很小，天气仍不晴，这就属于“东风雨，西风晴，西风不晴必连阴”的情况。如果在偏南或西南风里转晴，则往往晴不长，表明下次雨期较近。

需要注意的是，相同的风也不一定会出现相同的天气。看风识天气还得看具体条件。

首先要看季节。在夏季，暖气流强于冷气流，东南风一吹，锋面云雨带推向北方。这时长江中下游地区在单一的暖气流控制下，空气缺乏上升运动的条件，所以有“一年三季东风雨，独有夏季东风晴”

的说法。要是在太平洋副热带高压的稳定控制下，盛行夏季风，夏季风虽然是来自东南海洋，但高气压控制下的气流稳定，天气晴热少雨，于是“东南风，燥烘烘”。如果夏季吹西北风，反而预示下雨，所以有“冬西晴，夏西雨”以及“夏雨北风生”的谚语。

在冬半年，冷空气强于暖空气，西北风常把锋面云雨带推向南方海洋。这时长江中下游地区在单一的冷空气控制下，天气晴朗，正像谚语所说的“秋后西北田里干”“春西北，晒破头；冬西北，必转晴”。如果这时刮起东南风，但刮不长，就是“南风吹到底，北风来还礼”，预示锋面云雨带影响到本地，天将变阴，“要问雨远近，但看东南风”。

其次要看风速。谚语说得好，“东风有雨下，只怕太文雅”，只有“东风昼夜吼”，才能“风狂又雨骤”；只有“东南紧一紧”，才能“下雨快又狠”。冬天和旱天，偏东风要刮 2～3 天才能有雨；如果风力达到 5～6级，则刮 1～2 天就可能下雨。而在初夏和多雨期，只要东南风刮一阵就会下雨。

另外，“风是雨的头，风狂雨即收”。阵雨前，往往是风打头阵，先刮风，雨才随后下降。雨停的时候也是风先增大，然后雨再停，即“狂风遮猛雨”。这种现象都是在积雨云下发生的。因为积雨云下快接近雨区时先有风，然后下雨，待风大雨大时，雨区很快就过去了。

最后，要注意地方性。必须区别“真风”和“假风”。在一般情况下，风向风速都有各地不同的日变化规律。这种正常的日变化规律，并不反映天气系统的影响，人们称为“假风”。只有风向稳定在某个方向，风力逐渐增大，才是能预示天气变化的“真风”。一般“真风”要从早刮到晚，从傍晚刮到午夜；特别是夜风，对于预报天气的晴阴转折，效果更好。至于地方性的山谷风，也属于“假风”，不能用来预报天气转折。

龙卷风的魔力

这是有关龙卷风的真实故事。

2012 年 3 月 2 日，一场龙卷风袭击了美国印第安那州纽派金市。当时，1 岁多的女婴安琪·巴布考克的家顷刻间被龙卷风彻底摧毁，安琪的父母以及两个兄妹都在这场龙卷风浩劫中不幸丧生。安琪瞬间被龙卷风刮到空中，她随风在空中飞舞了一段距离之后，最后重重地摔落在一片空地上。风暴过后，救援人员立即展开搜索，最终在距安琪家 10 英里[①]之外的印第安那州塞伦市一片空地上找到了这个一头金发、蓝眼睛的婴儿，她仍有一丝气息！遗憾的是，奇迹并没有延续，由于安琪头部伤势过重，最终失去生命。

与安琪相比，美国北卡罗来纳州夏洛特市 7 岁男孩贾迈勒·史蒂文斯是幸运的。当这番龙卷风来袭时，史蒂文斯家的两层寓所被卷走，建筑残片散落一院。"我从未见过或听说过这样的事情……龙卷风刮走了房屋墙壁，动静可怕，"贾迈勒·史蒂文斯的祖母帕特丽夏说，"我再也不想经历这样的事，也不希望任何人再经历这样的事。"龙卷风卷走了在二楼熟睡的贾迈勒，把他刮至大约 100 多米外的一座筑堤上，家人几分钟后找到了他。收治贾迈勒的莱文儿童医院发言人说，贾迈勒仅受轻伤，接受治疗后可获准出院。

美国是世界上遭受龙卷风灾害最多的国家，每年平均上千次。到 20 世纪 70 年代以后，美国杀伤性最大的灾害性天气就是龙卷风。1974 年 4 月 3～4 日，美国出现了其历史上规模最大、波及范围最广的龙卷风，有 13 个州受灾，308 人死亡，5 454人受伤。

---

①1 英里＝1.609 344 千米。

近十年来,美国龙卷风出现的频率也非常高。2003 年 5 月是美国自 1950 年以来出现龙卷风灾害最多的一个月,有 543 个龙卷风记录在案。由于超强的龙卷风会破坏测量仪器,因此,所有可测的龙卷风都相对较弱。2004 年 5 月 22 日,美国历史上有记载的体积最大的龙卷风出现,地点在内布拉斯加州的哈莱姆镇。该龙卷风的宽度达到了 4 千米,破坏力达到 4 级。2011 年 4 月 27 日,美国南部地区 7 个州遭到龙卷风与强风暴袭击,创造了龙卷风日死亡最高纪录。当日,龙卷风造成至少 350 人死亡,数千人受伤,这次风灾造成的保险财产损失达数十亿美元。受灾最重的阿拉巴马州约有 249 人死亡。其他 6 个州——密西西比州、田纳西州、阿肯色州、乔治亚州、弗吉尼亚州、路易斯安那州——至少 101 人丧生。这次风灾成为美国历史上死亡人数居第二多的龙卷风灾害。

根据美国海洋和大气管理局的资料记载,美国平均每年大约会产生 800 个龙卷风。其中,70% 比较"微弱",平均风速小于 110 英里/小时;不到 29% 的为"强烈",平均风速为 110~205 英里/小时;只有 2% 的龙卷风被定义为"剧烈",风速超过 205 英里/小时,但这 2% 的龙卷风所带来的人员伤亡却占到了每年龙卷风造成人员伤亡总数的 70%。

我国龙卷风发生概率约为美国的 1%,但龙卷风对于某些地区的影响较为严重。在我国,龙卷风主要发生在江苏、上海、安徽、浙江、山东、湖北、广东等地。其中,长江三角洲是龙卷风发生最多的地区,江苏省高邮市被称为中国的"龙卷风之乡"。

2000 年 7 月 10 日,浙江省台州椒江洪家国家基准气候站实测到龙卷风记录,这是龙卷风第一次在浙江紧擦气象站而留下器测记录。在台风"启德"登陆前的 1 小时 44 分,洪家国家基准气候站遇到这个千载难逢的机会,风向逆转近 360°,气压呈漏斗状陡降。龙卷鼻触地半径 15~20 米,破坏带呈点状跳跃,全程 1 200 米。计算得到的瞬时最大垂直破坏力超过 28.66 千克/平方厘米,伤 2 人,吓昏 1 人,直接经济损失 337 万元。

2007 年 6 月 8 日下午，湖北沙洋小江湖监狱 84 名服刑人员在民警带领下在监区旁的棉田劳动。突然，一阵西北风刮来，棉田西边乌云压顶，棉田笼罩在一片昏暗之中。一场百年不遇的龙卷风和冰雹，突袭沙洋小江湖监狱，由于风力达到 8 级以上，7 600亩棉苗被吹倒，300 多棵碗口粗的水杉被吹断。面对突如其来的罕见自然灾害，监狱民警带领正在田间劳作的服刑人员展开大撤离，准备返回监区。刚走了不到 200 米，风力突然加大，电闪雷鸣，冰雹和暴雨倾泻而下。刹那间，地上腾起一层白雾，能见度不足 2 米，原本排列整齐的队伍出现了一阵短暂的混乱。就在大家抄距离监区最近的路前行时，一团陀螺状的黑风将一名 22 岁的服刑人员卷到空中后，又重重地摔入 1 米多深的沟渠内，由于暴雨不断流入沟中，这名服刑人员大声呼救。此时，风雨越来越大，铜钱般大的冰雹打得人无法睁开眼睛，耳边只有风声在呼啸。就在这名服刑人员感到绝望时，民警组织其他服刑人员奋力向这名服刑人员靠拢，并将他拉出了险境。

2007 年 7 月 27 日凌晨，龙卷风、暴雨和冰雹袭击了湖南省临澧县，269 栋房屋倒塌，3.5 万人受灾，1 人死亡，1 人失踪，2.6 万亩农田被毁，直接经济损失 7 000 万元左右。

2007 年 8 月 9 日晚，江苏省金坛市遭受龙卷风袭击。直径达 2 千米左右的龙卷风于当晚 8 时 30 分左右，在金坛市西部茅山地区的薛埠镇生成，向东南经朱林镇至指前镇社头地区旭红村，袭击了三个镇方圆约 25 平方千米内的十多个企业、二十多个村庄、两个集镇农贸市场和两个镇机关，造成十多人受伤，其中 2 人重伤。近 500 间民房被掀顶、倒塌，涉及居民 400 多户，一批厂房、职工宿舍倒塌，大量家用电器受损，大批树木、电线杆被吹倒刮断，多条供电线路中断，300 多万块砖坯被损坏，近 2 000 亩水塘设施受损，直接经济损失达 400 多万元。

2007 年 9 月 6 日下午 5 时 40 分左右，江苏省高邮市的天空原本

还是一片夕阳红，刹那间，一条高达千米、水天相接的黑色水柱（俗称“龙吸水”）出现在高邮湖面上，湖面水位同时下降了几厘米。黑色水柱在空中盘旋环绕，接近湖面的地方则蒸腾起一大片水雾，正如一头大象把巨大的鼻子伸入水中不停地搅动。大约10分钟后，这条巨大的水柱逐渐散去，紧接着大雨倾盆，天地间混沌一片。由于当时在湖中作业的船只不多，并且大都在离岸边较近区域活动，因此，没有造成人员伤亡。

2009年7月19日下午，安徽省怀远、宣城、涡阳、萧县遭受雷雨、大风、龙卷袭击。7月22日夜间，上海市金山区也遭受龙卷风袭击。龙卷风经过的地方，部分农田绝收，农作物和经济作物严重受损，电线杆被折断，大树被连根拔起，通讯、供电中断，房屋倒塌，人员和牲畜都有不同程度伤亡。7月26日下午5时30分左右，江苏省张家港沿江部分村镇遭到龙卷风袭击，近1 000户村民的房屋受到了不同程度的损坏，许多大树被连根拔起或拦腰斩断。

龙卷风，尚未揭开的奥秘

自天而降的龙卷风，时常在地球上横行肆虐，给人类带来莫大的灾难。

据联合国公布的材料说，龙卷风是危害最大的自然灾害之一。仅在1947至1970年的二十多年中，龙卷就夺走745 000人的生命。

龙卷风是云层中雷暴的产物。它是一种涡旋，是在天气不稳定的状态下产生的一种强烈的、小范围的由两股空气强烈相向、相互摩擦形成围绕同一个中心旋转的空气漩涡（图32）。它自天而降，是一种小范围的强烈天气现象。水龙卷直径通常为25～100米，陆龙卷稍大，也不过100～1 000米，只有极少数可达1 000米以上。它的寿命也很短促，从开始出现到最终消失，一般只有几分钟到几十分钟，最多不超过数小时。龙卷风走起路来，大多是一直向前跑，其旋转风速极大，可达50～150米/秒，比强台风的风力还大得多。龙卷风路径的长度大多只有几千米，长的也就20～30千米，很少有更长的。

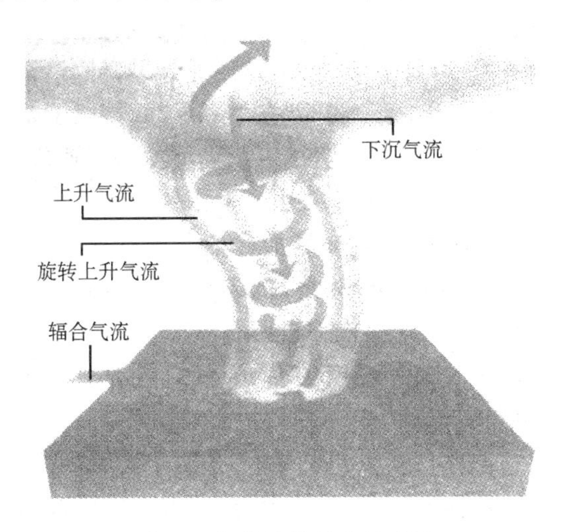

图32　龙卷风的形成示意图

龙卷风的脾气极其粗暴。它所到之处，吼声如雷，强的犹如飞机群在低空掠过。这可能是由于旋转的风以及逐渐陷入龙卷中心区的各种不同物体碰撞而产生的。不少科学家认为，人们所听到的龙卷风的爆炸声，是由于涡旋的某些部分风速加大到超音速，因而产生小振幅的冲击波。龙卷风里的风速究竟有多大，人们还无法测定，因为任何风速计都经受不住它的摧毁。一般情况，风速可能在每秒50～150米；极端情况下，甚至达到每秒300米或超过声速。

超声速的风能，可产生无穷的威力。1896年，美国圣路易斯的龙卷风夹带的松木棍竟把1厘米厚的钢板击穿！1919年发生在美国明尼苏达州的一次龙卷风，使一根细草茎刺穿一块厚木板；而一片三叶草的叶子竟像楔子一样，被深深嵌入了泥墙中。不过，龙卷风中心的眼区风速很小，甚至无风，这和台风眼中的情况很相似。

尤其可怕的是龙卷内部的低气压。这种低气压可以低到400百

帕，甚至200百帕，而一个标准大气压是1 013百帕。眼区为下沉气流，稍往外极强的上升气流速度可达50～80米/秒。所以，龙卷风犹如一个特殊的吸泵，往往把它所触及的水、沙尘、石头、草木等吸卷进来，形成高大的柱体，这就是过去人们所说的“龙倒挂”或“龙吸水”。

1904年7月29日，一块大黑云从东南渐渐靠近莫斯科，从这块大黑云里垂下了一只巨大的长“象鼻”。一个消防队把它当成火灾引起的黑烟柱，并立即奔赴现场去灭火，然而龙卷风却把大家搞得人仰马翻，毁坏了消防车，把牛也刮到了空中。龙卷风还把警察举到空中，剥光衣服，用冰雹把他们打得半死，最后扔回地上。有个铁路岗棚也被卷到空中，扔出40米之外，万幸的是岗棚里的巡道工活了下来。在龙卷风经过的莫斯科河的地段，露出了河床。风暴行进了40千米，引起了极大的破坏，并有100多人丧生。

为什么原本离龙卷风通过的地方很远的物体会随着龙卷风落到地面上来呢？在通常情况下，龙卷风起于高度8～12千米的极强风带里，即在所谓的“急流”中，而这种急流往往从西南向东北行进，速度60～70米/秒。因此，不难估算出，假如某物体或动物被龙卷风卷到8～10千米的高空，而空气的垂直流动又不使它们掉下去，那么过1～1.5小时，这个物体就能被带到龙卷风发生地东北方向200～300千米以外的地方了。龙卷风中速度达到60～80米/秒(可能还要大)的上升气流不仅能把人卷起，而且能把重几十吨的火车车厢举起并抛向他方。

当龙卷风扫过建筑物顶部或车辆时，由于它的内部气压极低，造成建筑物或车辆内外强烈的气压差，顷刻间就会使建筑物或交通车辆发生“爆炸”！这个“爆炸”的道理容易理解。比如氢气球升到一定高度，由于高空气压比球内低，球就会爆炸。龙卷风中心的气压，在几秒或十几秒钟内可致大气压下降约8%。假定一个屋子内的气压是标准大气压，即每平方厘米承受空气的质量为1.033 6千克。当龙卷风从屋顶上经过时，外面的气压突然降低了8%，变成了每平方厘米 0.950 9 千克了。但屋内气压并没有下降，或降得很慢，尤其当门窗紧闭时下降更慢。这种突然发生的内外气压差，就会对每平方厘米的墙或天花板产生 83 克的作用力。如果屋子天花板的面积是 72 平方米，则作用在屋顶上的力应是 59 吨左右！这种突然施加的力会立即把屋顶掀掉，犹如从屋内发生爆炸一般。如果龙卷风的爆炸作用和巨大风力共同施展威力，那么它们所产生的破坏和损失将是极端严重的。

在通常情况下，如果龙卷风经过居民区，天空中便飞舞着砖瓦、断木等碎物，因风速很大，这些物体也能使人、畜伤亡，并将树木和电线砸成窟窿。即使是一粒粒的小石子，也能像枪弹似的击穿玻璃。

1904 年 6 月 29 日，发生在莫斯科的一次龙卷风就有这种现象。这次龙卷风开始于卢布林城，然后到西蒙修道院和罗果什区，而雅乌什河西岸所遭到的破坏最为严重。正好走在街上的一位目击者，描述了当时发生的情景："天空变得漆黑一团，空中闪电不止。我有点害怕，躲到一扇大石门后。这时狂风大作，呼啸不绝，好像天要塌下来似的。只见，从屋顶掀起的铁皮、折断的树木、一段段的圆木、木板、砖瓦等满天飞舞。大约持续了一分多钟，便骤然而止。就在我的对面，一垛坚实的石墙被吹倒。整条街到处是断墙残壁，树木、木板、砖瓦和铁皮。我从石门后面走了出来，为这大自然的威力惊叹不止。一家工厂的一根高大的铁烟囱管已被吹成弯曲状，它的顶部碰到了地面。"

1951 年 8 月，一次强龙卷风从莫斯科疾驰而过，它袭击的地带不超过 10 千米，但却造成了极严重的灾难。龙卷风穿过高里科沃村附近的索科尔村和斯赫得涅村，最后"抓"起一个村子把它抛在克梁日玛河岸上。奇怪的是，就在离龙卷风所经路径两三步远的地方，情况全然不同，那里的一切东西都未受到损坏。例如，就在被巨大而可怕的龙卷风吹倒并"搓"成纽带状的百年古松的近旁，脆弱易折的小杨

树连一根枝条也未受到折损。

龙卷风虽常发生，但人们至今对它令人吃惊的“表演”的规律却不甚了解。请想一想，为什么有时龙卷风会席卷一切，而有时在其中心范围内的东西丝毫无损？为什么龙卷风能把一匹马吹走 1 000 米，但从未见过树被龙卷风吹走，树充其量只是被折断吹倒在一旁？在北美，当龙卷风过后常可见到鸡的羽毛被拔得精光。但有时只有一侧的鸡毛被拔去，而另一侧却完好无损，一毛不拔，这又该作何解释？

更奇怪的是，1953 年 8 月 23 日在前苏联有过一次龙卷风，吹开了一户人家的门窗。放在五斗橱上的一只闹钟被吹过了三道门，飞过厨房和走廊……最后吹进了阁楼里。想不到这只闹钟不再飞行了。试问：这又是什么力量阻住了它的飞行？就是整栋房子也难阻止如此强大的气流啊！

各种龙卷风的范围都很小，寿命又很短促，这给科学研究和预报带来很大的困难。直到现在，有些龙卷风已经发生了，而气象台站当时还不能看到它，因为两个气象台站相距很远，它很容易从中间“溜掉”。

但是，自然界里一切天气现象的发生，都有它自身的规律，人们有可能逐步地去认识它。春夏时节，当温度高、湿度大、风速小、云系对流旺盛，气压明显降低，云的底部骚动特别厉害，人们感到胸闷气短、烦躁不安时，就要提防局部地区可能发生雷雨冰雹夹龙卷。

气象雷达和地球同步气象卫星在监视龙卷风方面起着很重要的作用。如果把卫星和雷达结合起来，就能连续观察龙卷风的变化，可在龙卷狂飙发生前半小时发布警告，以提醒人们采取应急措施，积极防范，尽可能减少龙卷造成的损失。

风魔肆虐孟加拉湾

风暴潮或称暴潮，是由热带气旋、温带气旋、冷锋的强风作用和气压骤变等强烈的天气系统引起的海面异常升降现象，又称“风暴增水”“风暴海啸”“气象海啸”或“风潮”。风暴潮灾害居海洋灾害之首位，世界上绝大多数因强风暴引起的特大海岸灾害都是由风暴潮造成的。

孟加拉湾洋面是世界上最适宜热带风暴生成的地区之一，每年生成的热带风暴约占全球的 7%。当孟加拉湾强大气旋由南向北侵袭时，湾顶部的沿海地区及其岛屿往往就厄运难逃了。

2010 年 5 月 20 日，一场极为强大的孟加拉湾风暴向印度东部的安得拉邦逼近，使得当局疏散了居住在沿海低洼地区数百个小村庄内的至少 3 万名居民。

2005 年 9 月 17 日，海洋风暴突然袭击孟加拉湾，持续时间超过 20 小时。风暴导致印度南部出现暴雨，并在安得拉邦引发洪水，数百个村庄被淹没，近 10 万人流离失所，风暴还刮倒了这个地区数以千计的树木和电线杆，造成 100 多个城镇和1 300多个乡村停电，公路、交通也严重受阻。由孟加拉湾热带低气压所引起的狂风在孟加拉国沿岸掀起的巨浪高达 1.3 米，致使12 000人逃离家园。风暴造成孟加拉国多达 200 多条渔船3 500多名渔民失踪，这些渔民 3 天前从孟加拉南部港口出海打鱼时遭遇风暴。截至 9 月 21 日，风暴带来的洪水侵袭了孟加拉国沿海至少 7 个地区，10 万名沿岸耕种水稻田的农民被迫离家避难。洪水还破坏当地公路网、摧毁大片树林和城乡电力设施。

14年前的1991年4月29日夜，位于南亚的孟加拉湾上空突然乌云密布，电闪雷鸣，狂风怒号。顷刻间，一股强烈的孟加拉湾风暴，以每秒66.7米的速度，席卷了孟加拉湾沿海及其所有的岛屿，给孟加拉国大部分地区带来巨大的灾难。这是孟加拉国自1970年以来所遭受的最强的一次热带风暴。时逢农历3月16日的天文大潮，强风、暴雨、风暴潮一起来到孟加拉湾沿岸，汹涌地挤入恒河河口的喇叭状海岸。

当时热带风暴中心强度约930百帕，这股恶魔似的热带风暴引发了孟加拉湾的北部的风暴潮，掀起高达6～9米的狂涛巨浪，以翻江倒海之势，雷霆万钧之力，击碎海上的船只，冲决海岸的防波堤，横扫东南沿海北起北大港，南到科克斯巴扎尔的广大地区以及65个海岛，时间长达9个小时。风停潮退后，无数泡胀了的人尸、畜尸漂向杂乱无章、破烂不堪的海滩，惨不忍睹。

伴随风暴而来的不仅是风暴潮，还有狂风、暴雨的同时施威，孟加拉国四分之三的铁路、公路、桥梁、机场、码头、发电厂、水厂、输变电站设施均告瘫痪，沿海及岛屿内的2 500多个村镇、80多万套房屋被夷为平地，430万英亩①农作物全部被毁。这场风暴在一夜之间，使孟加拉国16个县沦为灾区，受灾人口占全国总人数的十分之一，高达1 000万人，死亡13.8万人，数百万人无家可归。

灾害发生后，孟加拉国政府积极开展了救援工作，同时国际社会也伸出了援助之手。但是当时恶劣的天气条件使救灾工作遇到了极大的困难。由于孟加拉国南部地区风暴过后持续降雨，并刮着6～7级风，吉大港口又被沉船堵塞，重要道路也遭到严重破坏，而直升机、快艇等救援运输工具又十分缺少，大量的救援物资积压，无法送达灾民手中。后来，又因大风使飞机难以正常起降，空投与地面救援人员

①1英亩＝0.004 046 9平方千米，下同。

无法接近受灾地区，致使灾情严重恶化。饥饿与瘟疫长时间地威胁着劫后余生的人们。

这并不是历史上最严重的一次热带风暴造成的灾害。近百年来世界上最惨烈的一次热带风暴灾害发生在 1970 年 11 月 13 日，形成于孟加拉湾洋面上的大旋风掀起近 15 米高的狂涛，扑向孟加拉湾沿岸。由于当时也正遇天文大潮，又受当地喇叭形的海岸线，以及那一带地势低平等条件的综合影响，结果在恒河河口形成的浪高达8～10米。海浪凶猛地涌向陆地，吞没了近 30 万人的生命，100 多万人无家可归。

风暴之神

在日本神话里，风暴之神形似一条可怕的巨龙，它在黑暗和浪涛中沿着天空遨游，用自己的一双大眼睛注视着下面那些可以捕杀的猎物……

这个风暴之神的形象是虚构的，但却与现代科学的热带气旋概念相似。气象上把大气中的涡旋称为气旋。热带气旋是发生在西北太平洋和中国南海一带热带海洋上猛烈的风暴。这种风暴是绕着自己的中心急速旋转的，同时又是随周围大气向前移动的空气涡旋。它在北半球作逆时针方向旋转，在南半球作顺时针方向旋转。

世界上有许多地方常常受热带气旋的影响。在西北太平洋和南海一带的热带气旋，人们习惯称台风，在印度洋和孟加拉湾的称热带风暴，在大西洋、加勒比海、墨西哥湾以及东太平洋等地区的叫飓风。

中国早期也曾将台风称为飓风。南朝刘宋时期，沈怀远在《南

图 33　强热带风暴

越志》中记载："熙安多飓风，飓者，四方之风也；一曰惧风，言怖惧也，常以六七月兴。"明成化十六年（公元1480年），《明实录》记载江苏崇明县（今隶属上海市）"九月飓风大作，海潮为灾"；明正德七年（公元1512年），《杭州府志》中则记载："七月飓风，海水涨溢，顷刻高数丈许，濒塘男女溺死无算，居亦无存者。"

为了区别台风与一般的热带气旋，我国规定了如下的标准：当热带气旋中心附近最大风力小于8级时称为热带低压，达到8级和9级风力称为热带风暴，达到10级和11级风力称为强热带风暴（图33），达到12级风力称为台风。2006年6月15日，我国又实施了新的标准，把热带气旋分为6个等级（表3）。

表3　热带气旋等级表

热带气旋等级	底层中心附近最大平均风速（米/秒）	底层中心附近最大平均风力（级）
热带低压	10.8～17.1	6～7
热带风暴	17.2～24.4	8～7
强热带风暴	24.5～32.6	10～11
台风	32.7～41.4	12～13
强台风	41.5～50.9	14～15
超强台风	≥51.0	16或以上

使人可怖的龙卷风与台风相比，真是小巫见大巫了。龙卷风的直径只有几百米，而台风的直径从数百千米到1 000千米，有的甚至达到2 000千米。台风顶部离地面约15～20千米，少数可达27千

米。它周围的空气急速地向中心附近挤来，激成一个近于圆形的空气大涡旋，风力很强。但在台风中心有一只黝黑、深邃的“眼睛”，就是气象学上常说的台风眼。台风眼的直径为5～50千米，大的直径超过100千米，这里风轻浪静。白天有蓝色的天空和太阳光，晚上则可见月亮和星星。有时成千上万只海鸟会栖息在这里躲风避雨(图34)。

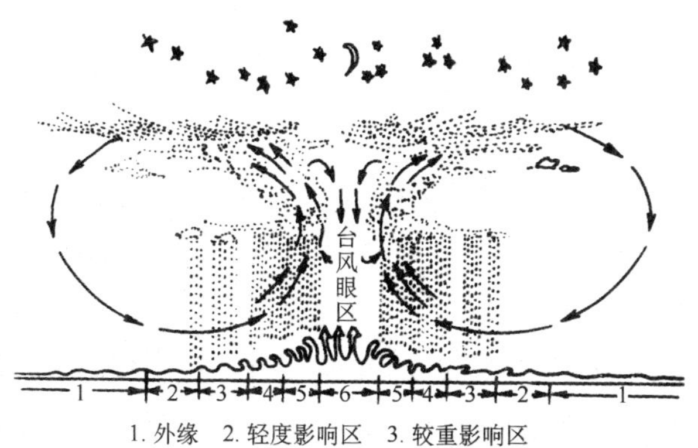

图34　海上台风范围内天气状况剖面图

有人曾乘坐侦察飞机穿入太平洋上一个台风眼中，对台风眼作了这样的生动描述：“不久，我们在飞机的雷达荧光屏上，开始看到无雨的台风眼的边缘。飞机从倾盆大雨中颠簸而过，突然来了耀眼的阳光和明朗的蓝天。台风眼周围被一圈云墙环抱。高大的云墙笔直地向上耸立着，有的云墙像大体育场的看台那样倾斜而上。眼的上缘是圆圆的，有10～12千米高，看来好像是缀在蓝天的背景上。在我们的下方是一片低云，中心云层隆起，到达2 500米的高度。低云中出现不少云缝，它使我们能够瞥见海面。在台风眼四周的涡旋中，海面是一片异常激烈、海水翻腾的景象。”

1977年9月11日上午，有人目睹过第8号台风在我国崇明岛登陆时的情景，他曾这样说：“经过一两个小时的异常猛烈的风雨，风突然停息了，接近静风约半个多小时。这时又热又闷，和前面的狂风暴

雨时有冷丝丝的感觉是明显的对照。天空有中高云覆盖，但从云缝中可以看见蓝天。在崇明岛的西南岸边，有一群海鸥栖息在那里，久久没有离去。”

台风眼的四周环抱着高耸的“云墙”，称为“台风眼壁”。在眼壁区，由于强烈的上升气流，一般可造成数十千米宽、8～9千米高的积雨云。在眼壁区下面，狂风呼啸，大雨如注，是整个台风中天气最恶劣的区域。

从台风眼壁再向外是些塔状云，随风飞驰，人们称它“跑马云”或“和尚云”。

台风在洋面上移动时，总是伴随着密布的浓云，狂风暴雨，电闪雷鸣，又卷起惊涛骇浪，朝着大陆横扫而来。它在经过的路上，可以毫不费力地捣毁一切。

在热带洋面上，每年夏季约有几百个热带气旋扰动发生，其中只有十分之一才发展成为风暴之神——台风，大部分发展到一定程度，就在洋面上消失了。有人计算过，一个成熟的台风，在一天内所下的雨，大约相当于200亿吨水，水汽凝结所释放的热能，就相当于50万颗1945年在日本广岛爆炸的那种原子弹的能量！它在一天内所释放的热能，如转变成电能的话，可供全美国6个月的用电。通常台风只有约3%的热能可转化为电能，不过这个数字也相当于176个125 000千瓦的火力发电厂，大约等于35万个新安江水力发电厂的发电量。台风真是一个巨大的能量库啊！

台风在赤道附近炎热的太阳下，南、北纬5°—8°和15°—20°的辽阔洋面上形成。最早孕育时，只是洋面上空的一股低压带，暖空气向那里汇流聚集，不断上升，巨大的气柱在上升过程中，不断冷凝成云雨，从而释放出大量的热能，因而气流上升得更快。当受热的空气上升越来越快时，新的空气不断聚集到风暴中心，就这样台风就变得越来越猛烈。一个较强的台风，中心附近风速常超过60米/秒(大于17级)，过程总雨量也常达到1 000毫米以上。台风一面不断地旋转，一面向西或西北方向移动，而后在回归线附近转向北或东北方向移动。

台风在洋面上移动时，会掀起三四层楼房那样高的巨浪，汹涌的波涛在海上翻滚，相互撞击，发出雷鸣般的怒吼。当风速达到每秒50～60米时，它对每1平方米面积的力量，就超过200千克，它能把大海船抛到岸上，也能把岸上百年大树连根拔起。而海浪被推到岸边，会叠起一片浪墙，汹涌上岸，使江河倒流，河水漫出堤岸，周围一切都被淹没，成为泽国。

台风造成的灾害，历史上不乏记载。就世界上其他国家来说，超强台风Vera和近赤道台风Vamei是比较著名的。

1959年9月26日，超强台风Vera在日本纪伊半岛的和歌山县潮岬附近沿海（伊势湾西侧）登陆，被称为"伊势湾台风"，登陆时中心附近最大风速达60米/秒以上，中心最低气压达929百帕，为日本有气压记录以来的第二最低气压值。Vera登陆时，正值天文大潮期间，登陆点东侧的伊势湾沿岸地区潮水上涨到了史无前例的地步，其中名古屋最大风暴增水达3.5米。Vera是日本历史上造成人员伤亡最多的台风之一，据统计，该台风在日本共造成4 697人死亡，失踪401人，受伤人数达38 921人；房屋全倒40 838间（栋），房屋半倒113 052间（栋）；受淹面积达310平方千米；船舶损坏7 576艘；经济损失高达5 000亿日元（相当于21世纪初的2万亿～3万亿日元）。

2001年12月27日，近赤道台风Vamei（画眉）在马来西亚柔佛州东南部一带沿海登陆。Vamei具有在马来半岛东南部近海加强迅速以及后期减弱慢等特点，且是有记录以来第一个袭击新加坡和马来半岛南部的热带气旋。Vamei带来的狂风暴雨造成马来西亚和新加坡的部分地区树木折倒、道路被洪水淹没，并导致交通受阻，部分火车或飞机延误。据估计，Vamei造成的经济损失约为360万美元。

据统计，截至2009年，全世界历史上一次造成死亡人数达5 000人以上的台风灾害至少有22次，其中死亡达10万人以上的至少有8

次之多。多么令人触目惊心的数字啊！

中国是世界上受台风影响最严重的少数几个国家之一，不仅沿海地区深受台风之害，内陆省份也会受到它的影响。

2002 年 9 月 7 日，强台风“森拉克”在浙江苍南南部沿海登陆，引起了强大的风暴潮。9 月 8 日晚，浙江鳌江最高潮位 6.9 米，超过了历史最高潮位 0.2 米。据浙江、福建两省的不完全统计，共计受灾人口 1 041 万人，成灾 441 万人，紧急转移安置 63 万人，29 人死亡；农作物受灾面积 32.51 公顷，成灾 15.856 万公顷，绝收 3.927 公顷；倒塌房屋 5.8 万间，损坏房屋 13.7 万间；死亡大牲畜 3 900 头；直接经济损失 81.26 亿元。

2004 年 8 月 12 日，强台风“云娜”在浙江温岭市石塘镇登陆，多地出现大暴雨或特大暴雨，其中，浙江乐清砩头雨量最大，24 小时降雨量达 874 毫米。据不完全统计，受“云娜”影响，浙江、福建、上海、江苏、江西、安徽、湖北、河南、湖南等省（直辖市）共有 1 849 万人受灾，因灾死亡 169 人，受伤 2 000 多人，失踪 25 人，农作物受灾面积 75 万多公顷，倒塌房屋 7 万多间，损坏房屋 21 万多间，直接经济损失 202 亿元。

2005 年 8 月 6 日，强台风“麦莎”在浙江台州市玉环县干江镇登陆，8 月 9 日在辽宁大连沿海再次登陆，这是 2005 年造成受灾面积最大、经济损失最重的一个台风，主要特点是降雨分布广，呈波状向四周扩散，引发一定的远距离暴雨。据不完全统计，浙江、上海、江苏、安徽、山东、河北、天津、辽宁、福建等省（直辖市）共有 2 316.9 万人受灾，紧急转移安置 230.5 万人，死亡 29 人；农作物受灾面积 1 533.3 千公顷，绝收面积 139.9 千公顷；倒塌房屋 7.3 万间，损坏房屋 19.1 万间；直接经济损失达 180.4 亿元。

2007 年 8 月 18 日，超强台风“圣帕”在我国台湾花莲秀姑兰溪口附近沿海登陆，是 2007 年在我国造成伤亡最惨重的一个台风。据不完全统计，福建、浙江、江西、湖南、广东、湖北、广西等省（自治区）共有1 334万人受灾，因灾死亡63人，紧急转移安置204.5万人，农作物受灾面积54.9万公顷，绝收面积9.3万公顷，倒塌房屋4.1万间，直接经济损失86.5亿元。我国台湾地区也出现较大灾情，部分地区受淹，道路中断，因灾死亡1人，受伤28人，全台近62万户停电，农业经济损失约为18亿元新台币。

2008年第1号台风"浣熊"，是新中国成立以来第一个在4月即登陆我国的台风，造成华南至少5人死亡，另有一些人员失踪，经济损失巨大。广东一座水库由于蓄水过多而溃坝，基础设施破坏严重，造成华南历史上4月最为严重的洪涝灾害。降水破同期历史记录。

2009年8月7日，台风"莫拉克"在我国台湾花莲市沿海登陆。"莫拉克"带来的极端强降雨造成台湾南部和东部的部分地区出现50年来最严重的水灾，全台因灾死亡673人，失踪26人，农业损失超过195亿元新台币。"莫拉克"还造成福建、浙江、江西、安徽、上海、江苏等省(直辖市)共1 431万人受灾，紧急转移安置161.6万人，因灾死亡9人，失踪3人，倒塌房屋1.5万间，直接经济损失达126.9亿元。

2010年10月23日，超强台风"鲇鱼"在福建省漳浦县沿海登陆，是2010年全球海域最强的热带气旋，也是1949年以来登陆福建最晚的一个台风。据不完全统计，"鲇鱼"共造成福建、广东两省67.4万人受灾，紧急转移安置19.3万人，农作物受灾面积3.67万公顷，损坏房屋1 172间，直接经济损失达26.4亿元。

2012年第11号强台风"海葵"于8月8日3时20分在浙江省象山县鹤浦镇登陆，登陆时近中心最大风力14级(42米/秒)，最低气压965百帕，是自1956年以来对浙江影响最严重的台风。截至8月7日20时，浙江电网已有80 529户居民停电，全省684支电力应急抢修队伍共9 560余人已进入一线抢险。截至8月8日20时，"海葵"已造成浙江宁波、台州等浙江9市54个县403.19万人受灾，倒塌房屋4 452间，停产企业37 680多家，紧急转移157.59万人，直接损失

100.25 亿元。截至 8 月 9 日 8 时，浙江、上海、江苏、安徽 4 省市受灾人口超过 600 万人，倒塌房屋 7 561 间，农作物受灾面积达 338.18 千公顷。

世界气象组织有关专家统计，威胁人类生存的十大自然灾害是台风、地震、洪水、雷暴和龙卷风、雪暴、雪崩、火山爆发、热浪、山体滑坡(泥石流)、海潮(海啸)。其中，台风是造成死亡人数最多的自然灾害，尤其在亚洲更是如此。因此，对台风的预警和防御是非常重要的。

在口语和书面交流中，特别是在警报中，为了区别和记忆，20 世纪初，人们开始对台风命名。台风的命名由编号和名字两部分组成。台风的编号也就是热带气旋的编号。我国从 1959 年开始，对每年发生或进入赤道以北、180°经线以西的太平洋和南海海域的近中心最大风力大于或等于 8 级的热带气旋(强度在热带风暴及以上)按其出现的先后顺序进行编号。近海的热带气旋，当其云系结构和环流清楚时，只要获得中心附近的最大平均风力为 7 级及以上的报告，就进行编号。编号由四位数码组成，前两位表示年份，后两位是当年风暴级以上热带气旋的序号。例如 0414 号台风，就是 2004 年出现的第 14 号台风。热带低压和热带扰动均不编号。

1997 年 11 月 25 日至 12 月 1 日，在香港举行的世界气象组织台风委员会第 30 次会议决定，西北太平洋和南海的热带气旋采用具有亚洲风格的名字命名，并决定从 2000 年 1 月 1 日起开始使用新的命名方法。新的命名方法是事先制定一个命名表，然后按顺序循环使用。命名表共有 140 个名字，分别由世界气象组织所属的亚太地区的柬埔寨、中国、朝鲜、中国香港、日本、老挝、中国澳门、马来西亚、密克罗尼西亚联邦、菲律宾、韩国、泰国、美国、越南提供，每个国家或地区提供 10 个名字。这 140 个名字分成 10 组，每组 14 个名字，按每个成员国英文名称的字母顺序依次排列，按顺序循环使用，同时保留原有热带气旋的编号。一般情况下事先制定的命名表按顺序年复一年地循环重复使用，但遇到特殊情况，命名表也会做一些调整，如当某个台风造成了特别重大的灾害或人员伤亡而成为公众知名的台风后，为了防止以后出现同名的台风，便从现行命名表中将这个名字删除，换以新名字。例如，0519号台风“龙王”于2005年10月2日在中国台湾花莲登陆，10月2日在福建省晋江市围头镇再次登陆，造成福建、浙江、江西共473.4万人受灾，147人死亡；农作物受灾面积约16万公顷，倒塌房屋0.9万间；直接经济损失达78.18亿元。为做好取代“龙王”的热带气旋命名工作，提高公众对于台风的认知和防灾减灾能力，中国气象局从2006年3月23日世界气象日起，在全国范围内开展“我给台风起名字”的征名活动。最后，以“海葵”取代了“龙王”。

风暴之神有“罪孽深重”的一面，但也有为人类造福的一面。中国、印度、墨西哥三国之所以成为主要世界文化发源地，一个很重要的原因就是这里受占全球总数73%的台风影响。台风在行进中，使沿途总降水量增加四分之一。我国东南沿海夏季伏旱期，常常依靠台风的降雨来缓和或解除旱情。另外，台风释放出来的能量在一定程度上左右着地球上的热量平衡，它把热带地区的热量驱散，带来凉风习习，否则热带会变得更热，而两极地区会变得更加寒冷，温带地区则因雨量减少，不复郁郁葱葱的景色了。

台风到来以前

台风在热带海洋上诞生后，范围越来越大，有时从中心到边缘可达1 000多千米，距离台风中心很远的地方也能受到它的影响。在台风到来以前两三天，甚至四五天，就可以发现台风来临的征兆。

一看海岛鱼类。在沿海地区，如果你看见海鸟成群飞来，或见飞

鸟疲乏不堪，跌落海面，甚至停歇船上，任人驱逐也不肯离去，这表明海上可能已有台风发生。因为台风区域狂风暴雨，海浪滔天，海鸟既不能找寻食物，又无法安身，所以只好避开台风飞向岸边了。

这时，在近海区，你还可以看到一些平时少见的浮游生物，如银币水母（渔民称之为水笋、风仔帽），以及广东沿海土名叫"鲚仔"（属鳀鱼类）的小鱼，纷纷漂到浅海面上来。不光如此，一些较大的鱼类如海豚，也往往群集海面，甚至可以看到鲸。有时还能发现一些深层鱼类、底栖生物，如海蛇、海鳔、海蟹在海面浮动。

鱼类及浮游生物上浮和少见的海洋生物的出现，主要是由于远海台风掀起惊涛骇浪，驱使它们趋集近海的。而低频率风暴声浪也刺激它们惊扰骚动，四散流窜。同时，台风来临前气温高，湿度大，气压下降，水中氧气减少，海水温度升高，强风造成海水流动，泥沙翻滚，都迫使鱼类和底栖生物浮上海面。

二察海浪。在离台风中心大约 1 500 千米的海面上，能看到从台风中心传播出来的明显的长浪（涌浪）。这种浪的顶部圆滑，浪头较低（一般高 1～2 米），浪头与浪头之间的距离（200～300 米）比一般的波浪（50～100 米）长，浪声沉重，节拍缓慢。长浪以比台风移速快两三倍的速度传播着。所以有"无风起长浪，不久狂风降"的说法。因为长浪一排排起伏犹如草席，广东渔民又称之为"草席浪"。

渔民还发现台风到来前一两天，潮汐、潮流也出现一些反常现象。例如，海流、潮流急剧变化，浅海区海水垂直扰动剧烈而发出腥臭味以及"海冒气泡"等。另外，受台风影响，海水上下层的流向与流速不一致，使渔网倒翻或扭斜，造成渔民作业困难。

三听海响。台风到来前一两天或两三天，当夜幕低垂的时候，人们在沿海边可以听到嗡嗡、轰轰的声音，好像海螺号角远鸣，又像远处雷声隆隆，特别是在夜深人静时，声音更加清晰响亮，一般称它为海响。

经验表明：当海响逐渐增强，台风逐渐逼近；海响减弱，台风逐渐离去，或者随着台风中心的移动，响声位置改变。浙江舟山群岛有一岩洞，面临大海，台风到来前几天，洞里会发出响声，渔民凭此预兆采取防台措施，往往很准。

海响是怎样发生的？一般认为，由于台风中心附近暴风骤雨的相互摩擦，以及台风对海面波浪、岛屿、礁石的强烈打击作用，产生每秒8～13赫兹的低频率风暴声波（次声波），这种声波贴近海面传播到海岸，遇礁石、岩洞发生反射，共振增强，于是就发出嗡嗡的响声了。也有人认为，海响发生的时间可能和长浪出现的时间相同，当长浪碰到海岸而被冲碎的时候，也会发出响声。

人们利用海响等特点，制作了一些预测台风的土仪器。例如，用直径为50厘米的氢气球搁在耳边听一听，因为低频率风暴声波比大风巨浪的传播速度快得多，人耳虽不能直接听到，但是氢气球却能同低声波发生共鸣，产生振动。台风愈近，这种感觉愈清晰。

还有一种“水母耳”仪，也能预测台风（图35）。海洋生物水母的触手中间有一个小球，里面有一颗“听石”，犹如水母的耳朵。台风来临前产生8～13赫兹的次声波，冲击漂浮在水母触手中的小听石，听石就刺激其体内的感受器，于是水母就离开海岸而游向大海，以免被狂风巨浪砸碎。人们仿照水母制成的预报仪，由喇叭、接收次声波的共振器、把振动转变为电脉冲的压电变换器以及指示器组成。这套仪器设备安装在船只甲板上，喇叭做360度旋转，旋转自行停止时，喇叭所指的方向，就是台风到来的方向，指示器则表示台风带来风暴的强度。水母耳台风预测仪可以提前15小时左右作出台风预报。

图35　水母耳台风预测仪

四观云彩。当东南方地平线上辐射出绢丝般的长条状云彩，并有系统地从海上伸来时，便是台风快要到来的先兆。这种云叫毛卷云，一般出现在 6 000 米以上的高空。这是台风中心的空气上升到高空后，水汽凝结成小冰晶而形成的。它在高空伸展开来，横跨半个天空，大多是 V 字形，状似一把折扇，在台风中心前进方向 500～600 千米远的地方就可发现。

随着台风的移近，卷云逐渐增多，接着是有系统的卷层云推来。早晨和傍晚可产生日晕或月晕。这里距台风中心大约是 300～400 千米。以后台风中心越来越近，云愈来愈低，出现了高积云和层积云。接着是呈灰黑的一团一团被风吹散的积云或层积云，像布块、棉絮、迅速飞动。这种云，人们常称它"飞云"，散布全天。碎云从头顶飞过时，你面朝天空飞云来的方向站立，右手向右伸，所指的方向，就是台风中心所在的方向。连续观测还可大致知道台风是朝着什么方向移动的(图 36)。

图 36　世界台风源区及基本路径

五视蓝杠。蓝杠又称风缆，它是台风入侵前两三天常见的"曙暮辉线"。日出前或日落后，太阳位于地平线附近，辐射出 3～5 条红色或橙黄色的光线横贯天穹，在两条红(白)光之间，天空仍保持蓝色，看起来好像是红、黄、蓝几种颜色的光线同时出现一样。人们称它为“蓝杠”“青杠”“青光”“青果”“穿天蛇”，等等。这可能是台风前方的不强的空气上升运动在地平线附近形成的一排分散而孤立的积云云块造成的。1977 年 9 月 7～8 日，在上海宝山区（当时为宝山县）持续出现“江猪”云，8 日还出现了由东南伸向西北的三道蓝杠，宝山县气象站于当日准确地预测到当地未来 72 小时将受 7708 号台风的影响。

六望星光。在沿海地区，一般在看到星星闪烁现象后的第三天就会有台风影响本地。在台风季节里，你每晚对东方、南方的星星进行观测比较，当发现星闪区的位置高度不变，闪动区不断向西移动，预示台风在南方向西移动，不会影响本地。当星闪区的位置高度不变，闪动区向北移动，预示台风在东方向北移动，也不会影响本地。只有当星闪区位置高度升高，闪动区域朝头顶上空移动，才预示台风正向本地移来。

七辨风向风速。生活在沿海地区的人们都知道，在正常情况下，晴天总是盛行着早东晚西向的“海陆风”。可是，当受到台风前半圈外围气流影响时，情况就不同了：常出现西—北—东方位范围的风向。这些风向出现在盛夏西南季风和东南季风的季节里是不合时令的。因此，一旦出现这些方位的风，并持续半天到一天以上时，便是台风到来的预兆。当风向由偏南转偏北，说明台风已临近本地，特别是“东风打过更”（21 时到 22 时以后），说明台风已侵入本地了。

当台风外围已影响到本地区，风力达 4～5 级时，如果你背风而立，台风中心就在你的左侧稍偏前的方向上。按照这个方法每隔数小时测定一次，把每次测定结果作一比较，就能粗略地发现台风中心的动向。在连续观测中，你的脸随风向逐渐向右转，台风中心将在本地区的偏南西、偏西面经过。相反的，你的脸随风向向左转，台风中心将在本地区的偏东面、偏北面经过。风向极少变化，而且风力越来越大，台风中心将在本地区或附近经过。

不过,有时在台风入侵以前,本地风力微弱,特别是当盛行风被台风环流所代替,在一段过渡时间内,几乎是静风。夜晚,海面平静如镜,月影清晰倒映,所以有“海底照月主大风”的说法。

当然,利用这些现象来预测台风,在现代社会只是科学监测预报的辅助方式。目前监测台风活动的手段有常规气象站、探空站、船舶、海上浮标站,又利用气象雷达、侦察飞机、气象卫星等先进技术来跟踪台风。多种现代化工具组成了一个地基、空基和天基相结合的综合气象监测网络(图 37),层层设防,严密监视着台风动向,及时发出台风警报。在台风多发季节,各地应当特别注意收听当地的天气预报,以便准确地掌握台风的出没和行踪,做好防御台风的工作。

图 37　地基、空基和天基相结合的综合气象监测网络

图中观测工具分别为:①气象卫星;②侦察飞机;③探空气球;④船舶;⑤海上浮标站;⑥气象塔;⑦风廓线雷达;⑧地面气象站。

台风从哪里来

台风是热带海洋上的产物。全球热带洋面上经常发生台风的海区有 8 个:北半球有北太平洋西部、北太平洋东部、北大西洋西部、北印度洋孟加拉湾和阿拉伯海,南半球有南太平洋西部、南印度洋东部和西部。其中,北太平洋西部是台风最易生成的海区,全球台风有三分之一左右是发生在这个海区。在北太平洋西部的沿岸国家中,以中国、菲律宾、越南、日本台风登陆的次数最多。

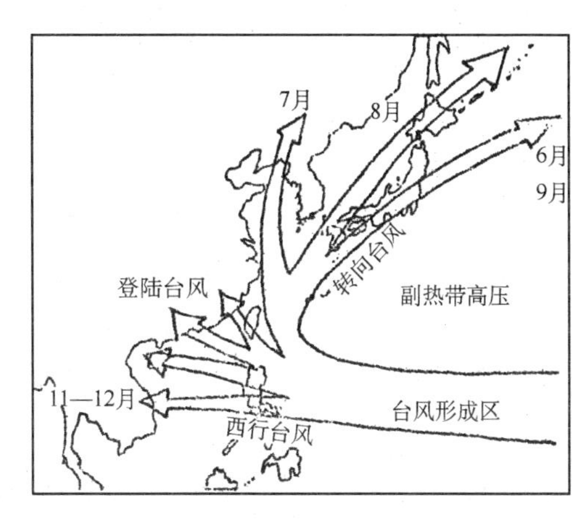

图 38　西北太平洋台风移动主要路径示意图

我国正处在北太平洋西部台风移动路径的前方。影响我国的台风,大致有三条基本路径(图 38)。

第一条是西行路径。台风从菲律宾以东洋面一直向西移动,穿过巴林塘海峡、巴士海峡进入我国南海,然后在海南省或越南登陆。有时进入南海西行一段时间后,突然北抬到广东省登陆,对我国影响较大。

第二条是登陆路径。台风从菲律宾以东洋面一直向西北方移动,穿过日本的琉球群岛,到我国浙江、江苏或上海市沿海登陆。或者向西北偏西方向移动,在我国台湾登陆后,再穿过台湾海峡,到浙江、福建或广东省东部沿海登陆。登陆后的台风,有的在陆地上消失,有的扫过大陆边沿而后移到海洋上。走这条路径的台风,对我国危害严重,特别是对我国华东地区的影响最大。

第三条是转向路径。台风从菲律宾以东洋面向西北方向移动，经过一段路程后，在北纬 25°附近的海面上转向东北，朝着日本方向移去。如果台风中心在东经 125°以东转向，对我国影响不大；在东经 125°以西转向，华东沿海地区风力较大。这条路径呈抛物线形状，是最常见的路径。但有些台风并不转向东北，而是继续北移，最后在我国山东省或辽宁省登陆，对我国影响很大，如 1972 年 7 月 8 日的 7203 号强台风。

在南海地区发生的台风，路径不规则。从一些年份的南海台风移动路径来看，基本上以偏西北行路径多一些。

实际上，台风的移动还有许多奇异路径，如打转、折向、变速等。上面所说的西行、西北行、海上转向和北上三条路径，只是典型的情况。

台风的移动是受内力和外力共同作用的结果。内力是因台风涡旋内部所受的地转偏向力的南北分布不均而产生的。如图 39 所示，假定台风范围内切向风速的分布是对称的，C、D 点纬度相同，所产生的地转偏向力大小相等，方向相反，对整个台风来说，这两个力正好互相抵消。从台风南半圆和北半圆比较，A 点的纬度比 B 点高，A 点的地转偏向力就比 B 点大，于是对整个台风来说，就产生了一个指向北方的净力。台风受这个力的作用就向北移动。这个力的大小和台风的强度、范围大小成正比，即台风越强（风速越大），范围越广，台风向北移动就越明显。相反，台风越弱，它向北移动就越不明显。

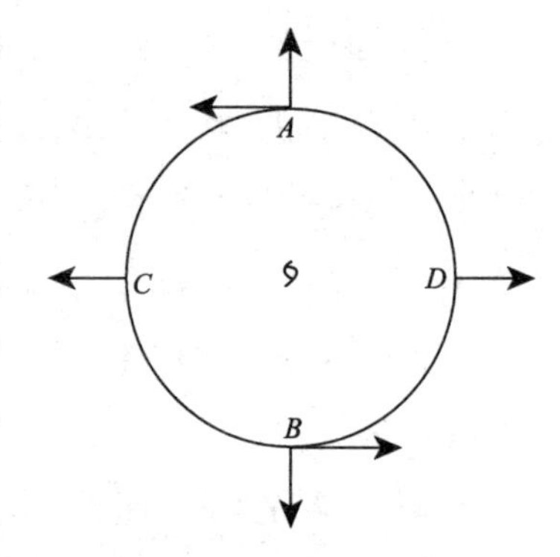

图 39　台风内力的产生示意图

当然，实际上台风的风速分布并不是对称的。台风在副热带高压南侧时，台风北面与副热带高压相邻，气压差比较大，所以台风的北半圆不仅所在纬度比南半圆高，地转偏向力大，而且切向风速也比南半圆大，内力作用更为明显，增强了台风偏北移动的动力。

台风形成后，一方面受台风涡旋内部环流影响有向北移动的趋势，另一方面受四周气流的影响。像河流中的一些小涡旋跟随河水一起流动一样，台风是大气环流中的涡旋，它受周围大范围气流的牵引而移动。台风移动的外力，主要就是这种气流对台风涡旋的引导作用。气象上把牵引台风移动的这种强大气流叫引导气流。其中以位于纬度 30°的副热带高气压对台风行动的影响为最大。

在我国东部的太平洋上也经常存在着这种副热带高气压，叫做太平洋副热带高气压，一般简称为太平洋副高。它和其他副热带高气压一样，是高空中强大的暖空气下沉并大量堆积而形成的。它的气流旋转方向与气涡相反，所以也称它为太平洋反气旋。影响我国的台风就大多发生在太平洋反气旋的南侧，处于反气旋的东风气流之中，台风受东风气流的牵引，一般向偏西方向移动。台风在西移过程中，受地转偏向力的作用，有向北偏折的趋势。当它进入反气旋的南风气流以后，往往立即转向，并迅速向东北方向移去。

太平洋副高的位置与强度是经常变化的：有时位置偏西，有时位置偏东；有时十分强大，西北太平洋、我国东部都在它的控制之下；有时非常微弱，常分裂成几个势力很小的高气压。太平洋副高的这种变化直接影响了台风的路径，一般说来，当太平洋副高明显增强西伸时，台风就向偏西方向移动；当太平洋副高明显衰弱东退时，台风便由起初的偏西方向逐步转向东北方向移动。

其实，台风是一个呈反时针旋转（气旋式）的气流运动体。当这种旋转运动迭置在引导气流上时，两种气流作用的结果就是台风会在基本路径上左右摆动，甚至出现打转的现象。

一个台风在其整个行动中，速度有快有慢，平均约每小时走 25～30 千米。它在幼年期，一般是稳定地向偏西或西北方向移动，平均速度为 15～20 千米/小时，大约相当于一辆自行车行驶的速度；以后移速逐渐加快，到台风发育成熟将要转向时，速度又减慢下来，每小时

平均速度为10千米，只相当于马车或是人们快速步行的速度；到转向时，速度最小，有时甚至原地打转，停滞1～2天。可是，当它转向北方或东北方移动的时候，速度急剧加快，平均速度可达30～40千米/小时，相当于汽车的速度，很快就远离我国沿海了。台风从菲律宾附近来到我国江浙沿海一带，快的大约要走2～3天，慢的要走上10天左右才能到达。

一般说来，在5月份以前、10月份以后，台风主要走西行、转向路径；7—9月，台风主要走登陆路径，也最复杂。台风在我国登陆的地点，以广东省为最多，约占登陆台风总数的58%；其次是台湾地区，约占27%；福建省居第三，占10%左右；在浙江省以北的沿海登陆的台风只占7%～8%。

台风在我国登陆的时间集中在5—10月，其中以7—9月为最多，占总数的75%(图40)。新中国成立以来，登陆时间最早的是2008年第1号台风“浣熊”，于当年4月18日在海南文昌龙楼镇登陆；最晚的是1974年第27号(即7427号)台风，于当年的12月2日在广东台山登陆。11月至翌年4月份，一般不会有台风直接在我国登陆。1949—2010年台风在我国各省(区)登陆年均频数分布见图41。

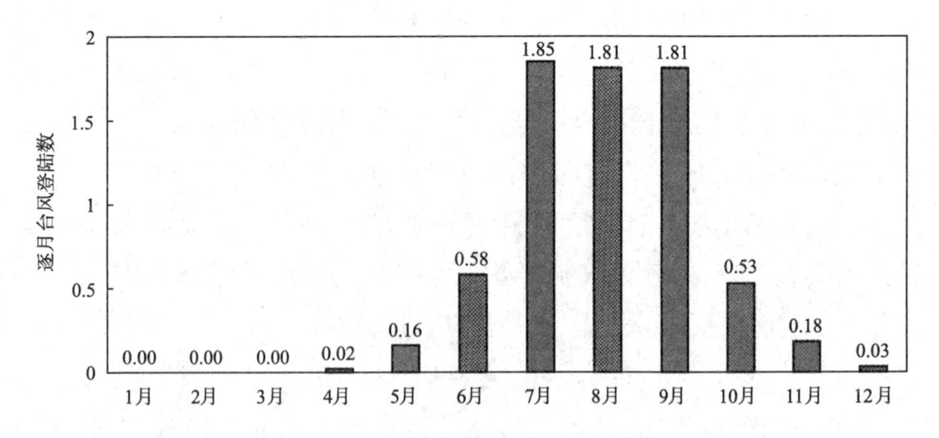

图40　1949—2010年逐月登陆台风(热带风暴以上)的频数分布

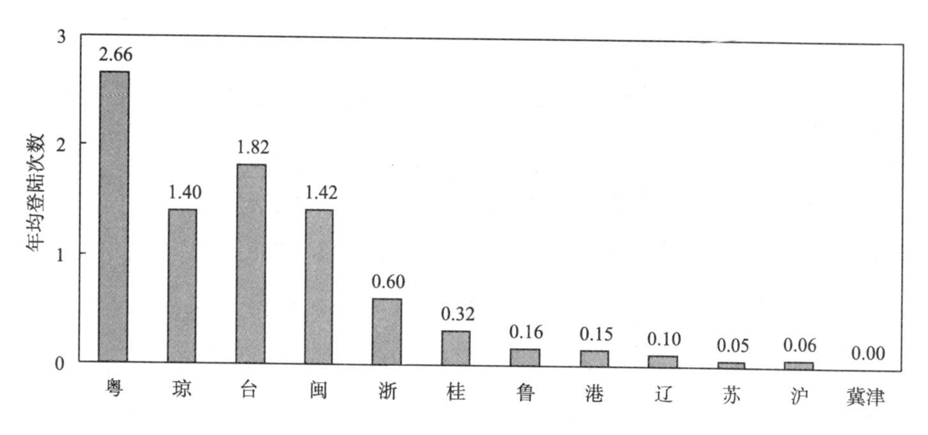

图 41　1949—2010 年各省(区)登陆台风(热带风暴以上)年均频数分布

“无风不起浪”和“无风三尺浪”

人们常说,“无风不起浪”。一阵微风吹来,海面上会生成细微的水波。风力达到 5 级时,会掀起一道道波峰,出现白色浪花。浪花往前涌去,后浪赶前浪,风大浪也大。在风的直接作用下产生的波浪就称为风浪(图 42)。

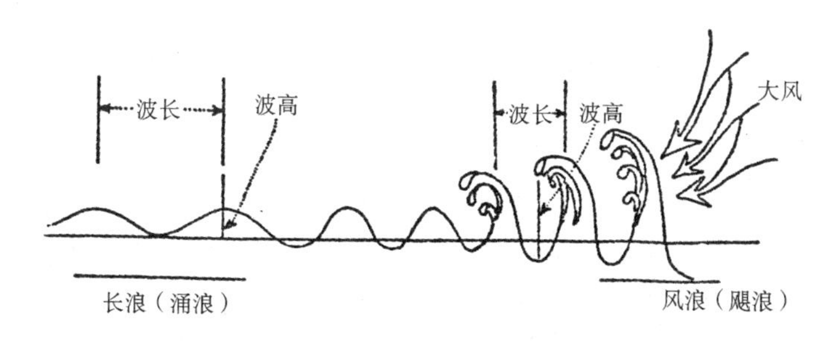

图 42　风浪与长浪

风浪传播的方向基本上与风向保持一致。风停以后,海面仍有剩余的浪。离开风的作用区域仍继续向外传播的浪,称为涌浪。风

停浪不息,“无风三尺浪”就是涌浪的写照。

当风浪或涌浪传播至岸边浅水区时,受海底摩擦作用,能量衰减很快,几乎成为一条直线了,这种浪被称为近岸浪。

风浪、涌浪和近岸浪是海浪通常的三种表现形式。海浪向前传播时,海水并没有向前移动,犹如麦浪一样,只是麦穗上下颠簸,麦秆仍扎在土里。海浪在海上可以水平方向传播,也能垂直向海底传播。在水平方向上海浪可以传播到万里之外,在太平洋北部的阿拉斯加海岸,能测量到万里以外的南极风暴区传播过来的海浪;冲击到英国南岸的海浪,其源地竟是在 10 000 千米外的南大西洋风暴区。

海浪的威力往往大得出乎人的想象。在美国西太平洋沿岸的哥伦比亚入海口,耸立着一座高高的灯塔,旁边还有一座灯塔看守人住的小屋。1984 年的一天,看守人猛然听见屋顶上响声如雷,刹那间只见一个黑黝黝的怪物呼啦一声穿透屋顶砸到地上。看守人被吓呆了。过了好一会,他才战战兢兢地挪步走到怪物面前,发现那怪物竟是一块黑色大石头!后来,看守人请来专家进行调查和鉴定,结果确认这块大石头是被海浪卷到 40 米高的半空,再抛到小屋顶上的,其重量为 64 千克!

一些测试材料表明,海浪拍岸时的冲击力每平方米会达到 20~30 吨,有时达到 60 吨。虽然海浪的高度并不算很高,到目前为止,根据仪器记录到的海浪的最大高度只有 34 米,但巨浪冲击海岸激起的浪花常可高达 60~70 米。如此巨大冲击力的海浪,可以把 13 吨重的巨石抛到 20 米高的空中,自然能轻松地把那块 64 千克重的黑色石头抛到 40 米高的空中了。斯里兰卡海岸上一个 60 米高处的灯塔的窗户就曾被海浪打碎过。甚至位于海面以上 100 米处的欧洲设得兰岛北岸灯塔的窗户,也曾被浪花举起的石头打得粉碎。

航行大海上的船只最怕海浪。海浪的起伏会使船身左右摇摆,颠簸动摇。当船只自由摇摆周期与海浪周期相近时,会出现共振现象,使船舶倾覆。当海浪波长与船身长度相近时,如果船头船尾各有一个浪头撑起，由于船舶自重，万吨巨轮即会从中心处拦腰折断。1994 年 9 月 27 日，在波罗的海上航行的 1.5 万吨的“爱沙尼亚”号渡轮共载客 1 049 人，从塔林驶往瑞典的斯德哥尔摩。渡轮出港口后不久，海面上狂风大作，波高 6 米的大浪接踵扑向渡轮，乘客们已感到船只剧烈摇摆和颠簸。到午夜时，首舱门突然被大浪击开，汹涌的海水向底舱涌去，船体左舷急剧倾斜，咆哮的海浪扑向甲板，一声巨响，船体上的烟囱倒覆在水面上，船体顷刻翻转朝天，随即渡轮沉没于 80 米深的波罗的海中。从发生险情到沉船仅 15 分钟。此次海难最终幸存者只有 220 人，遇难者总数达 800 多人。三十多年来，全世界平均每年发生沉船事故的船只约 242 艘，其中 80% 的海难是狂风巨浪酿成的。

在大洋上，有时会出现由多个波峰和波谷汇合而成的一种特大的海浪，往往不易被船员发现。特别是夜晚时，正当船员熟睡之际，遭到这种特大巨浪袭击，船舶会很快翻沉。船员们常称这种浪为“睡浪”。“睡浪”的最大波高可超过 30 米，当船首位于波谷突然下沉时，巨浪以压顶之势袭击过来，船只很难逃过灭顶之灾。一些在大洋中突然失踪的船舶，很可能是这种“睡浪”造成的。

锚定在海底的近海钻井石油平台更是海浪袭击的目标。1980 年 3 月 27 日夜晚，位于墨西哥湾的“基兰”号石油平台被狂风恶浪吞没，遇难者达 120 多人。1989 年 11 月，美国的“海浪峰”号钻井平台被海浪袭击而翻沉，淹死 84 人。我国近海也曾发生过类似的海难事故。1979 年以来已有“渤海 2 号”和“爪哇海”号石油钻井平台分别沉没于渤海和南海，损失达数亿元。到目前为止，全世界遭狂风恶浪袭击而翻沉的石油平台共有 60 余座。

一般浪高 6 米以上的海浪就可看做灾害性的海浪了。当海浪到达近海和岸边，它不仅会冲击摧毁沿海的堤岸、海塘、码头和各类建筑物，还会伴随风暴潮，损毁或击沉船只，席卷人畜和水产养殖品。

警惕风暴潮的袭击

2005年8月29日“卡特里娜”飓风及其引发的风暴潮侵袭了世界上最富有、科技最发达的国家——美国，海水淹没了地势低于海平面的新奥尔良等地，100多万户家庭断电；大批房屋建筑被淹，超过1 833人遇难，导致墨西哥湾沿岸的石油工业陷入瘫痪，能源设施破坏严重，导致全国油价飙升，创历史新高。“卡特里娜”飓风是迄今为止造成世界上经济损失最大(约1 338亿美元)的一次自然灾害，震惊全球。

不仅在美国，在孟加拉沿岸、大西洋北海沿岸国家以及日本沿海等许多地方，当风暴中心向海岸移动时，水位也可升高到异乎寻常的高度，以致摧毁船只，冲毁海堤，破坏港口设施和岸上建筑物，淹没田野、村庄、城镇，造成巨大灾害(图43)。

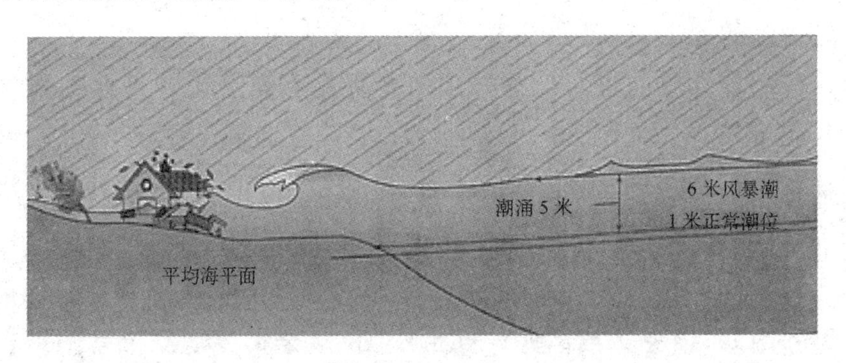

图43　风暴潮

这种伴随着风暴的海面异常升高的现象被称为风暴潮，也叫气象海啸。

风暴潮是叠加在天文潮汐上的。住在海边的人，每天都可看到海水周而复始的涨落，这就是潮汐。“涛之起也，随月盛衰”(汉王充《论衡》)，沿海的潮汐运动就是主要由月亮的引力作用产生的。月圆时，潮涨得大，弦月时，潮涨得小。现代科学技术可准确地预报出各地潮汐每时每刻的涨落情况，这就是天文潮预报。将实际出现的潮位减去相应时刻的天文潮，余下的就是风暴潮，也称风暴增水。

风暴中心引起的海洋上汹涌的波浪有时纵深 200 千米。巨浪以每小时 50 千米以上的不平常速度向前推进，它给人的印象是大海在发狂，好像就要翻转过来一样。此外，风暴潮还有一个极其可怕的特点：接近海岸时，由于海底摩擦作用，波速变慢，波浪变陡，波高不断增大。有时滔天恶浪竟在岸边涌成一道高达 40 米的水墙。不过，一般说来，波浪的高度只有 6～10 米。但是，就这样也足以使海浪所经之处的一切荡然无存。

1953 年 1 月 30 日，由北大西洋上风暴引起的风暴潮，使英国南部和荷兰、比利时广大地区在几小时内变成“汪洋大海”。当时，咆哮着的巨浪席卷大地，病人被淹死在床上，妇孺被波涛冲走，英国泰晤士河口的两个小岛变成了“死亡之岛”。在地势低洼的荷兰，这次被潮水淹没的陆地面积达2 500平方千米，近2 000人死亡，60 万人无家可归。

1959 年 9 月 26 日，日本伊势湾形成的风暴潮高达 3.45 米，36 万平方千米的土地面积被淹，造成4 460多人死亡，2 000人失踪。

孟加拉湾沿岸的孟加拉、缅甸、印度(东海岸)是全球最易遭受强风暴潮危害的区域，也是受灾死亡人数最多的地区，1876—1985 年的 100 多年间的 72 次风暴潮灾中，至少死亡 80 万人。

我国海岸线漫长，南北纵跨温、热两带，台风与温带气旋、冷空气、寒潮等活动频繁，一年四季均有风暴潮发生。据统计，1949—2010 年，我国大陆的台风特大风暴潮灾有 33 次，造成 9 649 人死亡，直接经济损失达 1 500 多亿元。

由台风引起的风暴潮，多发生于夏秋季节，几乎遍布我国各滨海

地区。历史上最严重的是清康熙年间(公元1696年6月1日)发生在上海附近,淹死10万余人。1896年6月29日夜间,上海市郊至江苏常熟一带又遭受最严重的一次台风风暴潮的袭击,海水冲入陆地数百里,水面高出城垣丈许,受淹死难者共10万人。

在20世纪的前40年里,我国沿海死亡人数超万人的风暴潮灾,先后发生过4次:1905年9月1日,强风暴潮导致崇明渔民被淹死约17 000人,川沙渔民被淹死5 500人,宝山渔民被淹死约2 500人;1922年8月2日,一次强台风引起汕头地区的风暴潮,平地水深丈余,7个县受灾,共死亡7万余人;1937年9月2日台风经过香港,香港遭遇了有史以来最大的风暴潮灾,11 000人丧生;1939年8月30日,台风夜间进入黄海南部,造成了江苏省大丰、滨海、盐城、里下河等沿海地区一片荒芜,单双洋、大喇叭等地淹死约13 000人,连云港南面的洋桥镇全部被潮水淹没。

新中国成立后,风暴潮灾害也较常发生,多的时候平均两三年一次,有的年份甚至多次受灾。

1992年8月28日至9月1日,受第16号台风和天文大潮的综合作用,我国东部发生了1949年以来影响范围最广,损失最严重的一次风暴潮灾。潮灾先后波及福建、浙江、上海、江苏、山东、天津、河北、辽宁等省(直辖市)。受灾地区各级政府得到各级部门的风暴潮、巨浪、大风、暴雨的预报后,立即组织防潮抢险救灾工作,大大减轻了潮灾可能造成的损失和人员伤亡,但是风暴潮、巨浪、大风、暴雨的综合影响,仍使南自福建东山岛,北到辽宁省东南沿海地区近万千米的海岸线遭受不同程度的袭击,受灾人口约2 000万,死亡193人,毁坏海堤约1 170千米,受灾农田193.3万公顷,成灾33.3万公顷,直接经济损失90多亿元。

在春秋季节,我国渤海、黄海上空是冷暖空气交汇地区,温带气旋、冷空气、寒潮等活动频繁,每隔几天便会发生一次。这些天气系统过境时带来的向岸大风,常会诱发风暴潮。这就是我们常说的温带风暴潮。其中较大的一次是1895年4月，在大沽附近海面，海水猛涨，在海河口附近造成毁灭性的灾害，使这个地区变成了泽国。1969年4月23日，渤海海域处于北方高压系统南沿和南方低压系统北缘，冷暖空气交锋，势均力敌，渤海南端连续十多小时6～8级大风，莱州湾地区最大增水和最高潮位分别达3.55米和6.74米，海水侵入陆地近40千米，造成严重损失。

近海地区工业集中，港口码头林立，还建有油气资源开发设施、核电站等，海浪对这些都有危害。现在不少沿海国家都在海岸上兴建各种堤坝，营造防护林带。堤坝和防护林带能够减缓海浪对海岸的冲击和侵蚀。科学家们也正在积极地进行科学研究，探索风暴潮的活动规律，建立风暴潮监测通信、调查研究和预报警报服务的综合体系，制订风暴潮袭击时的应急措施。

狂风恶浪的海域

五百多年前，发现美洲新大陆的哥伦布，在驾驶帆船横渡大西洋时，曾吃过北大西洋上狂风恶浪的苦头。在狂风恶浪的打击下，哥伦布乘坐的“宁雅号”帆船一会儿被浪头高高举起，一会儿又被摔到浪谷中去，高大的水墙迅猛地向它压过来，船仿佛掉进了深渊，可是它又奇迹般地被抛举起来，最后幸运地脱离了险境。

不光是北大西洋，北太平洋、北印度洋上也都是很不平静的，都有咆哮的大风和狂涛。

中、高纬度的北大西洋和北太平洋的地理条件和其他自然因素都比较复杂。这里存在着比低纬度要强大得多的冷海流和暖海流交接的过渡地带。这个过渡地带内的水温变化最剧烈，其相邻的两边水温的差别也最为显著。在冷流和暖流上面流过的空气，必然会

受到水温对它的影响。例如，在冷流上面流过的空气会变冷，在暖流上面流过的空气会变暖。这样，在冷暖流交接的过渡地带，便成为冷暖空气的分界线，称为“锋面”或“锋线”。“锋面”往往是风暴的发源地。中、高纬度的锋面比低纬度要强大。所以，中、高纬度的北大西洋和北太平洋出现的狂风恶浪，比低纬度海洋的更频繁且厉害得多。

中、高纬度上空还存在着从高纬度来的东冷风，以及从低纬方面来的西暖风和强大西风，这样就构成了冷暖空气交接的地带，这个地带就是副极地低压带。这个低压带是随着季节的变化而逐渐移动的：夏季往北移，冬季向南移。在冬半年（当年 10 月至次年 3 月），副极地低压带多半处在中、高纬度的北大西洋和北太平洋的冷暖流交汇地带上。这时冷暖流的水温加剧了水面上的冷暖空气之间的温度差异，这就助长或加强了风暴的产生与发展。而在夏半年（4 月至 9 月），副极地低压带便向北移到更高的纬度去了。

构成中、高纬度的北大西洋和北太平洋的狂风恶浪，在冬半年比夏半年强劲而频繁。由于地理上的原因，北大西洋的风浪要比北太平洋大。

在北半球，因为陆地比较多，地形也复杂，以致西风常常被强烈的天气变化所干扰，有些季节西风明显，有些季节不明显，有些地区明显，有些地区不明显。而南半球则不同，南半球的副极地低压带的陆地面积只占南半球总面积的 19%，地形简单，受天气变化的干扰小得多，因此这一带的西风常常可达暴风（11 级）的风力。由于这里的风向比较稳定，致使海面上经常会产生强有力的狂浪。据统计，在这个地带，一年中大约 110 天有狂风恶浪，浪头一般为 6 米以上，汹涌咆哮的巨浪，有时竟达 15 米高！即使“风平浪静”的日子，浪高也在 2 米以上。

尤其是在南纬 50°附近的地带，海洋几乎覆盖着整个地表，这里所出现的强劲西风及其伴生的狂风恶浪就更加厉害了。我国"极地"号南极考察船曾经经过这一带，船上的记者如此描述当时的情形："船于1991年3月6日航行到南纬55°处，遇到35米/秒的强风，浪高20米，山一样的巨浪呼啸着从船尾滚滚而至，将船尾部盘结的粗缆绳全部打散，冲入海里。后甲板上由铆钉固定的1吨重的蒸汽锅被连根拔起，像陀螺一样在甲板上滚来滚去，后甲板的门也被巨浪冲破。"因其强劲，人们常把南半球的盛行西风带称为"咆哮西风带"。正好处于这里的非洲南端的好望角，海面上经常狂风呼啸，浪涛怒吼，被称为"鬼门关"。

此外，在非洲西海岸和澳洲西岸还常常发生一种特殊的风暴，前者称为"托那多"，后者称雷暴。这种风暴出现之前1小时左右，东边陆地的地平线上就出现频繁的闪电。到达前15分钟左右，大部分天空被汹涌而来的乌云所掩蔽，云底出现奇特的白色弧。当黑云密布天顶时，狂风骤起，风力剧增至5～8级。"托那多"通常刮的是东北到东风，澳洲西岸则为东南到东北风。强风一般持续15分钟左右，然后慢慢消失。风暴期间常伴随局部性降雨，可持续4小时以上。风狂雨骤，危害极大。这种风暴，经常出现在雨季的开始和末期：非洲西岸分别在4—6月和10—11月，澳洲西北岸分别为6—12月和4月，一般都发生在夜里。

与"托那多"相似的，在东南亚诸岛上有苏门答腊狂风和圭巴狂风风暴，它们也是从海岸移往海面。苏门答腊狂风发生在马六甲海峡的西南季风时期(6—9月)，圭巴狂风(离新几内亚海岸不远)产生于西北季风时期(当年12月至次年3月)，它们通常也发生于夜间。它们出现前12～24小时，高空会有强大的气流作为征兆，但地面征象很不分明，所以不易预测，这对沿海一带的威胁性很大。

恐怖之角

海浪拍打着帆船甲板，船体发出咯咯的响声，船员们紧紧地抓住缆绳，海浪不只是从一个方向灌进船舱。帆船几周时间都是在相当危险的情况下航行。

船员们在航程中所经历的往往是波涛汹涌的大海、寒冷、黑暗、12级大风，除了茫茫大海之外，什么也看不见。最后，船员们的精力被消耗光，饥寒交迫，甚至就连设备齐全的大帆船也变得破烂不堪了。这里就是有“恐怖之角”称号的合恩角。

令人生畏的合恩角位于南美大陆的极南端，一度曾是大西洋和太平洋之间的唯一海洋通道，然而也是南半球的海上气候的中心地带，被称为“恐怖之角”。这里一年中有300天风大浪急，大雾笼罩。大海掀起9米高的浪头是常有的事情。有人曾对合恩角的气候作过这样的描写：“在这个地狱中就连魔鬼也会被冻死。”一位船长在经历了为期80天的航行后，在航海日志中这样写道：“绕行合恩角是对水手们的考验，是乘坐大帆船航行的船员们勇敢精神的体现。”有人估计，在这里沉没的船只大约有800艘，海底堆积着上万名水手的尸骨。人类乘帆船绕行合恩角的历史是随着轮船的出现而告结束的，最后一次的时间是1949年。

由1949年上溯到371年前，就是在1578年，英国航海家弗林西斯·德雷克指挥3艘小帆船，驶过南美洲南端的麦哲伦海峡。在进入太平洋时，他们遭遇长达两个月的风暴，船只被往南吹送了5个纬度左右，德雷克因此发现了南美最南端一个小岛的南角，他把该角命名为“合恩”，意思就是“角”，该岛也称合恩岛。

37年后（公元1615年），荷兰人斯豪滕和勒迈尔发现，绕行合恩角是条有利可图的商道。从那以后不断有载货帆船在这条充满惊涛骇浪的航线上行驶。去时货船为智利和阿根廷运去焦炭、煤和钢铁，回来时船上装的则是硝酸钾和臭气冲天的鸟粪(智利海滨的鸟粪是大受欢迎的肥料)。

合恩角今属智利，地处南纬 55°59′，南临德雷克海峡，气候寒冷，多雾，终年盛吹强烈西风。西风常常可以达到暴风的风力。狂风掠过南大西洋的辽阔海面，驰骋数千千米，穿过合恩角和南设得兰群岛之间的狭缝，被安第斯山脉的峭壁挡回。海水受到不停向西刮的疾风的吹动，又因永远是东去的水流而逆转，遂使巨量的海水以相反的方向涌过同一狭缝。随着海床急剧升高，巨浪直冲云霄，达到 37 米的惊人高度。咆哮的巨浪疯狂地冲击海角，加上震耳欲聋的涛声，犹如张牙舞爪、暴跳如雷的恶魔，使接近海角的人们惊恐万状。

因此，合恩角与好望角一样，是南半球最危险的海域。

“无敌舰队”的覆灭

“举世无匹的无敌大舰队，勇敢前进，直捣英伦三岛，务擒英国女王伊丽莎白一世，并将她的宝座焚毁!”这是西班牙国王腓力二世派遣特使给麦地纳·西多尼亚公爵送达的诏令。

原来，西班牙为了与英国争夺美洲财富和海上霸权，不惜耗费大量资财，于 1588 年 3 月装备成了一支远征英国的庞大的舰队，号称“无敌舰队”。

这支舰队拥有战舰和运输船 132 艘，船员和水手7 000人，步兵23 000人。舰队总司令就是大贵族麦地纳·西多尼亚公爵。

西多尼亚公爵奉腓力二世诏令，于 1588 年 5 月下旬做好充分准

备，率“无敌舰队”从西班牙兼管的葡萄牙特茹河港湾扬帆出征了。

西多尼亚在乘坐的“圣马丁”号舰上放眼望去，只见132艘舰船出航的里斯本港口旌旗林立，刀光剑影，桅船点点，煞是气派！

5月28日，在茫茫的大海上，这支舰队宛如雄伟的巨龙，冲云涛，击巨浪，乘长风呼啸而进。

不料到6月19日，舰船沿伊比利亚半岛西海岸北上时，突然遇到了狂风恶浪。舰船被大西洋排山倒海般的巨浪阻隔了。西多尼亚只得率先将“圣马丁”号匆忙驶往西班牙西北部海岸的拉科鲁尼亚港湾停泊，尾随的舰船也随之躲进了港湾。但后面的舰船却无法到达港湾，约有一半船只在惊涛骇浪中散失不见了。直到6天后仍有33艘商船、8 449人杳无音讯。

海上风暴的无情打击使“无敌舰队”出师未捷先受挫。

这时，西多尼亚建议腓力二世与英国人达成妥协，认为这是最好的办法。西班牙国王却果断地回答他：“在接到这封信时，即使您在拉科鲁尼亚不得不扔下10艘或者12艘船只，您也必须立即出港。”7月22日，“无敌舰队”只得奉命起航，驶离港口。

根据作战计划，舰队要避免在海上与英国战舰遭遇，而直接开往敦刻尔克，与西班牙驻尼德兰①总督率领的一支陆军远征队会合，随后护送远征队一起在英国登陆。

当舰队进入英吉利海峡时，西班牙人发现海峡北岸的英国陆地上燃放着无数处烟火信号，而且随着“无敌舰队”的航行顺序点燃，显然是英国人在通报西班牙舰队行踪的情况。

7月30日清晨，“无敌舰队”到达英国南端的朴次茅斯港外，西多尼亚在派通讯快船对港口进行侦察的同时，召集了军事会议。舰队指挥官唐·阿隆索、唐·彼德罗等力主进攻朴次茅斯，西多尼亚决定

---

①尼德兰是西欧的历史地名，位于北海之滨，莱茵河、马斯河与埃斯考河下游，包括今荷兰、比利时、卢森堡和法国东北部的一部分。

情况顺利则攻，不利则航。随后，通讯快船回报：

“总司令阁下，右前方出现敌人舰船！”

“多少？”

“大约 140 艘。”

西多尼亚获悉后，急步走到船的高处，用望远镜仔细观察。“嗯，数量不少，不过只是小跳蚤，不足为惧。”他一边看，一边说：“传我的命令：改变计划，迎敌战舰。全速逼近敌舰，步兵做好战斗准备！”

“无敌舰队”很快排成几路纵队。一艘艘大型战舰高高耸立在海面上，首尾相接，扬满风帆列成城墙似的战阵，向英国战舰紧逼。

这一天是 8 月 8 日。海上仍刮着强劲的西北风，只见从西北方驶来十余只挂着英国国旗的战舰，越来越近，西多尼亚一声令下，无敌战舰百炮齐鸣，火蛇飞空，转瞬间就把那些挂有英国旗的战船击得粉碎。西多尼亚哈哈大笑起来，说：“不堪一击！”他刚刚笑罢，只见西北方又驶来八九艘挂有英国国旗的战舰，便又下令：“狠狠地打！”于是，“无敌舰队”又众炮齐发，如吐出一条条火龙，把那些挂有英国旗帜的船打得七零八碎，船板飞上半空。西多尼亚又哈哈大笑，不禁拿起望远镜来瞧瞧，一看，却不见一个落水的英国士兵，心中有些纳闷。

其实这哪里是什么战舰，不过是敌舰故意放出的破旧的空船让“无敌舰队”射击，以试探“无敌舰队”火炮的射程到底有多远。英国人经过试探已经心中有数，便从东南、西南、西北、东北四个方面，以火炮远射无敌舰队。这一炮，那一炮，那一炮，这一炮，纷纷落到西班牙的舰队中，有的桅杆被炸断，有的船舷被穿透，有的船头着了火，有的船尾被炸散。

西多尼亚一再下令射击，但炮弹打不到英国船只，纷纷落入海中，溅起一丛丛水柱和飞沫。西多尼亚下令分成四组追击，但英舰进退灵便迅捷，边退边打，火力猛而准。英舰仅有少数被击伤，“无敌舰

队”却被击破、击沉多艘。

交战到第七天，“无敌舰队”驶进了多佛尔海峡。西多尼亚急切地等待着敦刻尔克方面的援军。但是，英国的一支分舰队早就封锁了尼德兰海面，援军根本无法赶来会合。

第八天深夜，海面上刮起了强劲的西北风。“无敌舰队”的士兵经过几天苦战，早已进入梦乡。午夜时分，突然有人推醒了西多尼亚，急切地说：

“报告总司令：海面上出现了八条火龙，正向我舰队迎面冲来！”

西多尼亚来不及穿衣服就奔到了甲板上。只见那八条火龙乘着偏西风飞也似地冲进了西班牙战船，顿时熊熊烈火燃烧，到处浓烟滚滚、火光冲天。

这是英国舰队施展的一条火攻妙计。他们从舰队中选出 8 艘 200 吨以下的小船，改装成火船。船身涂满柏油，船舱里装满油脂、沥青和干草等易燃物，点火后在强劲的西风吹送下，顺潮流隐蔽地飞蹿西班牙舰队中。“无敌舰队”的七八艘大船顿时火焰冲天，无法扑救。其他战舰纷纷仓皇远避，彼此相撞，惨叫声不停。有几艘触到暗礁，有几艘擦到浅处的海底。整个“无敌舰队”阵形大乱。

第九天黎明，英国舰队继续发动攻势，展开猛烈炮击，这一天，“无敌舰队”五艘大型战舰被炮火轰得失去战斗力，4 000余名官兵被打死、淹死。

更糟糕的是此时海面的西北风已转变为西南风了。

西多尼亚公爵眼看大势已去，登陆无望，只得从英国北部逃出英吉利海峡，准备绕过不列颠群岛返回西班牙。

“无敌舰队”的失败大军驶过爱尔兰西海岸，西多尼亚才松了一口气，对他的侍从说：“此次舰队的失败，原因有两条：一是风向不对，这风总是有利于敌而不利于我们，二是尼德兰的军队延误了战机。但是，只要有我在，我们西班牙早晚要出这口恶气。”正在他说得起劲时，忽然天色大变，天际狂怒的风暴卷着黑云呼啸而来，转瞬间巨浪如山直冲过来，把“无敌舰队”的大船吹得东倒西歪南倾北斜，险恶万分。西多尼亚连连在胸前画十字，乞求上帝保佑。但这一阵排山倒海的风暴，又把“无敌舰队”的船只吹翻不少。

这次远征，“无敌舰队”耗费十余万发炮弹，由于火炮射程短，未击沉一艘英舰，自己却伤亡14 000余人，军舰沉毁 67 艘。沮丧的西多尼亚公爵最后总算带着寥寥无几的残破的战舰灰溜溜地驶回西班牙。

英军在这次海战中只死了百余人，却摧毁了“无敌舰队”(图 44)。

图 44　英国击败无敌舰队

气象学家立战功

1944 年初，美英盟军为开辟对德作战的第二战场，准备调集 300 万陆海空军人员，从英国本土出发，横渡英吉利海峡，在德军占领下的法国诺曼底登陆。

这是一次极其冒险的军事行动。因为盟军登陆部队要在夜间抢渡英吉利海峡，渡过那几乎宽达 100 海里变幻莫测的大海后，那

些满载准备攻占滩头阵地的部队的强击艇，连同水陆两栖坦克都得趁着拂晓后40分钟潮水涨到一半时靠岸，地面风速不大于3级，在海面上不超过4级。借着这样的潮水上滩，随行的战舰和作战飞机就可以有最低限度的必需时间，去摧毁德军海防“厚壁堡垒”。同时，在满潮前的几小时内还得有月光，天空1 500米以下的低云不能超过五成，能见度至少为5 000米，以便辨明空中目标，进行轰炸和空运。

然而，从过去的气象资料看，诺曼底具有上述天气条件的概率很少。尤其受限制的是月光和潮水。一个月里能满足潮水要求的只有6天，且分散在相间半月的两段时间里；能满足月光要求的仅有3天。可见登陆诺曼底的日期的选择范围是十分有限的。

为选择最有利的作战地点和时间，从1942年起，美英盟军就对海峡及其海岸地区的天气气候情况进行了研究。根据历史气象资料的统计分析，认为同时满足诺曼底登陆行动的几种自然条件，在5—7月都有可能出现，而6月出现的可能性最大。盟军统帅部最后选定的登陆日为6月5日。

登陆日一天天地逼近了。

整装待发的海陆空军队在焦急地等待统帅部的命令。

6月2日，登陆部队全部上船了，一切准备就绪。可是第二天下午，盟军的气象专家斯威格宣布“可能有强大的风力，低厚的云层，并且在诺曼底的滩头还会有雾”。这一情况同样被德军的首席气象专家李陶预测到了，他在报告中说：今后的气象条件更难于达到登陆的理想要求。”果然在3日的黄昏，风势陡然转猛，天空乌云密布。盟军总司令艾森豪威尔和他的助手们心急如焚，多次听取气象专家的报告，反复进行研究，直到4日凌晨4时15分，才最后决定将登陆日期推迟24小时。

6月4日这天，海面上狂风怒吼，浊浪排空，随着夜色的脚步越来越近，风浪越来越大，又下起倾盆大雨，诺曼底滩头被大雾锁住了。

在这紧迫时刻，如果天气再不好转，失掉6月初登陆的有利时机，这次行动至少要推迟半个月或一个月，因为随着月亮而改变的潮汐将迫使登陆时间非改变不可。更为严重的是几十万军队部署在漫长的海岸线上，很难保证半月至一月内不泄密，斗志不涣散。

美英统帅高级指挥官们焦急万分。

在这几乎绝望的时候，艾森豪威尔4日夜间得到了当时欧美最有名的气象学家罗斯贝从美国传来的天气预报：6月5日有一个风暴通过海峡，6日有适宜登陆的天气。当时虽然海峡内依然风急浪高，但是气象学家举出了令人信服的理由，说明第二天风暴将显著减弱，不会妨碍登陆进行。紧接着，艾森豪威尔又从气象联合小组得到了证实，6月6日的天气预报是：上午晴，夜间转阴。这种天气虽不十分理想，但对空运部队降落、空军轰炸以及海军观测都是十分有利的，而且还使登陆的第一个夜间的海滩可能减少敌机的轰炸。在得到这样基本可靠，且能满足登陆的最低气象要求的天气预报后，艾森豪威尔于6月4日21时45分正式发出命令：6月6日开始渡海登陆。

6月5日傍晚，英吉利海峡果然出现了气象专家们所预报的好天气，海峡大部分地区风在减小，云层裂开，露出了蓝天。当晚8时，盟军启动攻击。第一艘英国潜舰出现在驻在科恩的德军第7军16步兵师所防守的海岸对面，而这时候德军却无一点察觉。至午夜，盟军5 000艘舰船，7 000架飞机，掩护着4 000艘登陆艇，从英国南部的朴茨茅斯海军基地启航，朝着诺曼底半岛蜂拥而来。

直到这时，驻守在法国的德军仍旧蒙在鼓里。6月5日是德军司令官隆美尔妻子的生日。隆美尔受“今后的气象条件更难于达到登陆的理想要求”的预报影响，估计盟军的进犯不会立刻发生，他向总司令伦斯特请了假，于5日上午从巴黎启程回到了德国赫林根附近的家中团聚去了。他准备6月6日（也就是第二天）向希特勒要求援兵。希特勒却做得更绝，他把主要精力转向了意大利方面，并从盟军将要

登陆的地区抽走了一个师。

6月6日凌晨2时，德军总司令伦斯特得到前线紧急报告："有一股美英空军部队着陆，看来这一次是大规模行动。"

"不，这并不是一次大规模行动，"伦斯特正在睡觉，他醒后漫不经心地回答，"空降伞兵——是美、英惯用的——声东击西的手法。"

"报告，报告，海岸雷达荧光屏上有大量黑点，一支庞大的舰队正向诺曼底开来。"

"什么？什么？"总司令的参谋长不耐烦地问道，"总司令正在睡觉。在这样的天气里会有庞大舰队？一定是你们的技术员弄错了，也许是一群海鸥吧？"

6月6日早晨6时30分，天空炮火与炸弹交响，万道火网的闪射，烧红了辽阔的天幕。美军第四师在强大炮火掩护下，开始在诺曼底滩头阵地登陆。7时20分，由蒙哥马利指挥的英国第二集团军也登陆上岸。英国皇家空军的重型轰炸机将5 200吨炸弹倾泻在海防炮位和工事上。盟军登陆部队在那首尾相距110千米长的5个登陆点顺利登陆，没有遭到德军有组织的反击。

直到6日下午，德军才判明这是美英联军大规模的进攻行动，于是派装甲师去支援诺曼底。希特勒发出命令："必须在今天傍晚前，消灭敌军，收复滩头阵地。"

然而，这一切都已晚了。6日下午，大批盟军登陆部队已向海岸纵深推进了2～6英里，至傍晚已在3处建立了立足点。到深夜，约有10个师的部队已经上岸，坦克、大炮、后续部队源源不断地开来了(图45)。

诺曼底登陆是气象保障非常成功的战例。由于气象学家准确地做出关键性的天气预报，美英盟军抓住有利时机，并利用恶劣天气隐蔽了战役行动，麻痹了德军，打得德军措手不及，使登陆战取得了辉煌胜利。

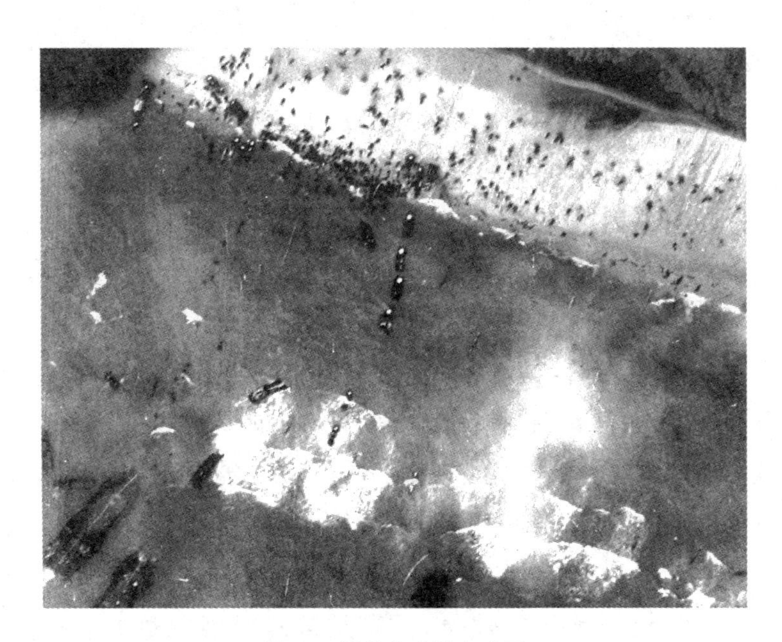

图 45　诺曼底登陆鸟瞰图

世界上第一张天气图

一百多年前，德国莱比锡大学的教授伯兰德斯，画出了世界上第一张天气图。

伯兰德斯是一位研究气象学的专家。1820 年，他把 1783 年 3 月 6 日欧洲一些测候站测得的气压、风向记录，填在一张空白的欧洲地图上，并把气压相等的地方用线连接起来，用箭头表示风向，这样，世界上最早的一张天气图诞生了。

伯兰德斯通过对这张天气图的分析研究，发现很大范围的气压区是移动性的，空气从高压区流向低压区。气压低的地方正是风暴的中心英法海峡，而风是从欧洲中部和北部吹向风暴中心的。

1821 年 12 月 24 日，欧洲又发生了大风暴，伯兰德斯很快绘制了

12 月 24 日至 26 日的天气图，并分送有关专家、学者们，引起了这些科学家的注意。不过当时气象记录稀少，无线电通讯尚未发明，气象情报不能及时传递，伯兰德斯的天气图无法投入实际应用。

30 年后，1851 年在英国皇家博览会上，英国人格莱舍展示了他用电报收集各地气象资料而绘制的近时天气图，也没有真正引起人们的重视。

又过去两年多，就是 1853 年 11 月，克里米亚战争爆发了。当年 6 月，不断强盛的沙俄帝国为了控制整个黑海海峡，伸足巴尔干半岛，出动数十万大军，一举占领了摩尔达维亚和瓦拉几亚。土耳其帝国受到沙俄的严重威胁，便于当年 10 月匆忙对俄宣战。11 月，两国舰队在黑海之上一决雌雄，结果土耳其舰队大败而归。这时英、法两国为保住他们在近东地区的地位，决定结盟对付俄国势力的扩张，遂对俄宣战。战争中心在黑海附近的克里米亚半岛，所以历史上称之为克里米亚战争。

1854 年 11 月 14 日，英法联合舰队封锁了黑海海峡，包围了俄国黑海沿岸最重要的堡垒塞瓦斯托波尔，陆战队准备在巴拉克拉瓦港湾地登陆。可是，这天上午，黑海上突然出现了暴风骤雨。狂风卷起的滔天巨浪把英法联合舰队的舰艇高高举起，向海岸上的岩石、海里的礁石猛烈地摔去，有的桅杆断折，有的互相乱撞、破损不堪，有的沉没。顷刻之间，英法联军几乎全军覆没。

当时的英国派遣军总司令，事后在给英国国防部长的信中说："14 日天亮前 1 小时，海面还显得很平静，接着便出现了我从未见过的强烈风暴，伴随着电闪雷鸣，大雨和冰雹。海上的情况更严重……舰队抗拒不住狂风恶浪，大部分船上的水兵连同舰船一起沉没了。"事后统计，风暴使英国舰队 21 艘战舰沉没海底，8 艘被吹断桅杆；法国舰队有 16 艘战舰遇难，连当时法国的最大的主力舰"亨利四世"号也在这次大风暴中沉没了。

也许正是这场风暴摧毁英法舰队引起的教训，才真正推动人们绘制天气图去预测风云变幻的。就在“亨利四世”号沉没后的一天，气急败坏的法国皇帝拿破仑三世命令巴黎天文台台长勒威耶立即调查法国舰队遭灾的起因。在皇帝看来，勒威耶既然能够计算出肉眼看不见的星星的位置，那么对于未来的风暴也应该能在发生前测出来。

这位于1846年发现海王星的勒威耶，认为要了解舰队遭灾的原因，只有绘制天气图才能弄清楚。于是，他立即向国内外的天文学家、气象学家发信，收集1854年11月12日至16日这5天的气象资料(图46)。

图46　勒威耶

勒威耶连续收到250封回信。借用这些资料，以“亨利四世”号沉没的11月14日为中心，绘制了11月12日至16日这5天的天气图。这5张逐日天气图上清楚地表明，这次风暴是自西北向东南移动的。经分析查明，这次风暴11月12日至13日还在西班牙和法国西部，14日就东移到了黑海地区，使法国军舰遭受损失。

勒威耶一边看着这5张逐日天气图，一边想：如果事先有了天气图，及时预告风暴移动情况，损失是可以避免的。接着，勒威耶又很快写出了详细的调查报告。

在这份调查报告的最后一部分，勒威耶提出建议：“应当立即建立全国性的天气观测网。”

1855年3月19日，勒威耶在法国科学院作报告，他提出：“若组织观测网，迅速将观测资料集中一地，分析绘制天气图，便可判断出未来风暴的运行路径。”

勒威耶的建议被采纳了。

奉拿破仑三世的命令，勒威耶开始筹办法国气象观测网，又制订

了气象观测时间、观测内容，电报传送气象观测资料等具体的统一规定。1856 年，法国建成世界上第一个正规天气服务系统，1860 年创立风暴警报业务。

以此，许多国家也先后建立起气象观测网，绘制天气图成了一项日常业务，天气图预报方法应运而生了。

一百多年来，天气图仍然是各国气象台进行天气预报的主要工具之一。现在不仅有地面天气图，还有高空天气图、辅助天气图，不仅有本国、本区域范围的，而且有全球、半球、洲际范围的，既有实况分析图、预报图，又有历史天气图，等等。一张张天气图，成了各地上空风云变幻的“连环图画”，反映出各种天气系统的移动和变化情况。

缤纷四季

四季的由来

我们居住的地球不停地自转着，从而形成昼夜的交替。同时它斜着身子绕太阳运转，形成公转。由于地球在绕太阳公转时，地轴在宇宙空间的倾角给终不变，于是太阳视运动的黄道与赤道之间就始终存在一个 23°27′的夹角。反映在地球上，就是随着地球在公转轨道上位置的变化，太阳直射点在南北回归线之间来回移动，于是季节变化便产生了(图 47)。

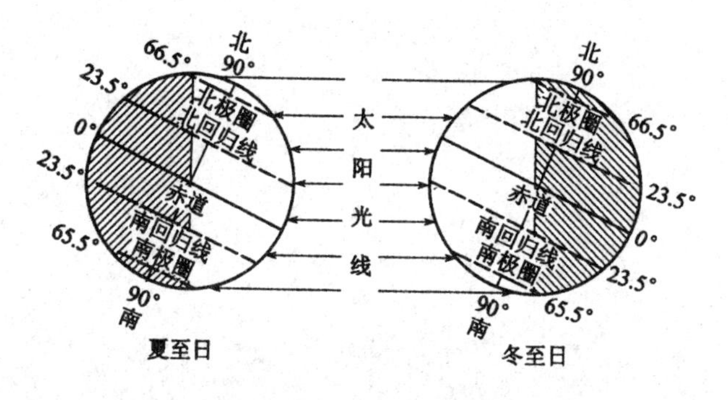

图 47　夏至日、冬至日阳光照射的情况

地球上四季更替现象比较明显的是在中纬度地区，赤道地区长夏无冬，高纬度地区则是长冬无夏。如果从全球角度看，四季则反映的是种天文现象，是昼夜长短和太阳高度[①]的季节变化，即夏季是一年中白昼最长、太阳最高的季节；冬季是一年中白昼最短、太阳最低的季节；春秋二季就是冬夏二季的过渡季节(图 48)。

地球斜着身子绕太阳运动，这对人们的生产、生活有非常明显

①太阳高度又叫太阳高度角，是指太阳光线与地面之间的角度。

的影响。人们早就认识季节变换的现象了。早在3 000年前的殷商和西周时期，为了农业生产和生活的需要，我国先民们就划分了四季。他们的天文学知识很丰富，巧妙地把“星宿一”“角宿一”“虚宿一”三颗明亮的星星和俗称“七姐妹”的“昴星团”在南方天空正中出现的日子，分别定为春分、夏至、秋分和冬至，作为春、夏、秋、冬四季的象征。

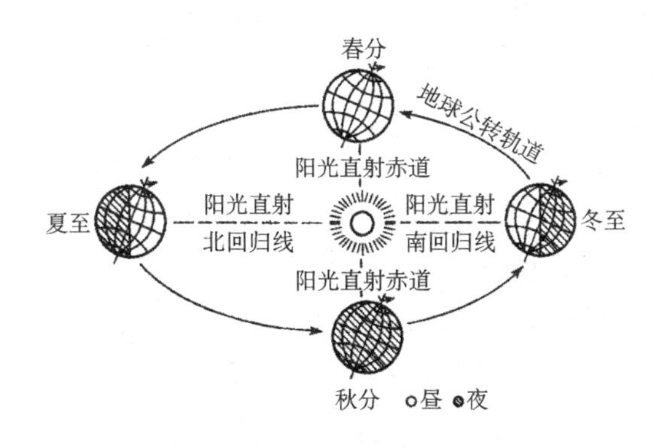

图48　四季成因、昼夜变化图

以天文因素为依据，按照太阳和地球在空间的位置关系来划分季节，是人们习惯采用的方法。我们知道，地球的公转轨道是一个椭圆，这样，它和太阳的距离就有远有近，地球公转的速度也就有快有慢。每年1月3日前后，地球通过近日点，这时太阳与地球的距离最近（只有1.470 8亿千米），而地球公转的速度却最大（每秒约30.3千米）；每年7月4日前后，地球通过远日点，这时太阳与地球的距离最远（为1.519 2亿千米），地球公转的速度却最小（每秒约29.3千米）。也就是说，地球公转的速度是冬季快、夏季慢。地球从冬至转到春分点，大约只需89天，而从夏至点公转到秋分点，大约需要94天。因而出现了四季不等长的现象：春季（春分点至夏至点）约92天，夏季（夏至点至秋分点）约94天，秋季（秋分点至冬至点）约90天，冬季（冬至点至春分点）约89天。所以欧洲就以春分、夏至、秋分、冬至作为四季的开始。在我国，农历（又称夏历）则以立

春、立夏、立秋、立冬作为四季开始，这比欧洲划分的方法更切合实际（表 4）。

表 4　四季的划分

阳历			农历		
四季	每季时间	节令	节令	四季	每季时间
春	共 92 日 19 时	春分	立春	春	共 90 日 17 时
夏	共 93 日 15.2 时	夏至	立夏	夏	共 94 日 1 时
秋	共 89 日 19.6 时	秋分	立秋	秋	共 91 日 21 时
冬	共 89 日 0.2 时	冬至	立冬	冬	共 88 日 15 时
	（365 日 6 时）	（春分）	（立春）		（365 日 6 时）

从上表可知，我国和欧洲划分四季的方法是不同的。相比之下，我国以二十四节气中的“四立”划分季节，这样的四季具有明显的天文意义，但与实际的气候递变不符合。例如，立春在天文上是春季的起点，在气候上却正值隆冬；夏至是天文上夏季的终点，是一年中白昼最长、太阳直射地面的位置最北的一天，但在气候上，它还不是一年中最热的时节……而欧洲的四季划分较多地考虑了气候季节，它把春分和秋分、夏至和冬至分别看成春季和秋季、夏季和冬季的起点，这样的四季比我国的天文四季分别推迟一个半月。例如，从春分到立夏的一个半月，在我国的天文四季中是春季三个月的后半，而欧洲却是春季三个月的前半。

其实，无论我国还是欧洲四季划分本质上都是天文意义上的。因为春秋二分和冬夏二至这四日在天文学上都有确切的含义。只要划分方法是天文意义上的，人们就只能把四季整个顺推一定日数，而不能全面地考虑气候特点。例如，从历法的安排方便出发，我国农历以正、二、三月为春季，四、五、六月为夏季，七、八、九月为秋季，十、十一、十二月为冬季。欧洲则以 1～3 月为第一季。又如，以月份为基础的，既考虑季节的天文情况，又考虑季节的气候情况，通常以公历 3—5 月为春季，6—8 月为夏季，9—11 月为秋季，12 月至次年 2 月为冬季。这样划分的季节也只能大致反映一定特征的天气气候情况。我国和欧洲都把全年分成四等分，每季三个月，太阳在视运动的黄道上运行 90°。按照天文上的定义，同一个季节在不同纬度是同时开始、同时结束的。但是在气候上，春夏秋冬四季在同一地点是长短不齐的，在不同地区，同一季节并非同时开始，而且不是所有地方都有四季的。

以上这些划分四季的方法，虽然简单易记，但是都不能够真实地表示出各个地区的气候情况。各地的气候是制约于该地区所在纬度、海陆关系和地形等因素的，而植物的阶段发育主要受当地气候影响。我国幅员辽阔，南方和北方的气候有着很大差别。在 2 月初（立春），华南已经花红柳绿了，而华北仍会大雪纷飞；到了 3 月中（春分），合肥、南京、上海一带虽然是春意正浓，北京、天津却在寒潮威胁之下，再往北去，黑龙江水还冻着呢！这样看来，无论用立春、春分，或者用其他的任何一天，作为春天的开始，就都是不可靠的。

因此，气候学专家张宝堃提出利用候平均温度，也就是连续五天的平均温度来划分季节。当候平均温度达到 10 ℃以上而低于 22 ℃时就算做春天；候平均温度大于 22 ℃算做夏天，10～22 ℃算做秋季，小于 10 ℃算做冬天。

由于这种气候学意义上的四季以温度为标准，能和每一个地方的具体情况符合，因此它与人们生产活动和日常生活的关系密切。它虽然随时间不同而有变化，但总的来说，受纬度和地形的影响最大。我国南北相隔 5 500 多千米，地形复杂，因而气候多样：南海诸岛，终年皆夏；广东、广西、福建、台湾和云南南部，长夏无冬，秋去春至；黑龙江省、内蒙古自治区和长白山、天山、阿勒泰山山地以及青藏高原外围地区，长冬无夏，春秋相连；西藏自治区羌塘高原一带，常年皆冬；我国的其余大部分地方是冬冷夏热，四季分明（表 5）。

表5 中国各地四季分配表(月数)

地区 \ 季节 月数	冬季	春季	秋季	夏季
东北北部	8	4(春秋相连)		0
东北南部	6～7		2	1～2.5
新疆	5～6	2～3	2	2
黄河上游、内蒙古	5.5～6.5	2～3	1.5～2.5	1～3
黄河中游、下游	4.5～5.5	1.5～2	1.5～2	3～4.5
长江上游	2.5～3	2.5～3	2.5～3	3.5～5
长江中游	3.5	2～2.5	2～2.5	4～4.5
长江下游	3.5～4.5	2～2.5	2	3.5～4
福建北部	2	3	2.5	4.5
福建南部	0	6～7	(秋春相连)	5～6
云南	2～3	9～10	(春秋相连)	0
广东、广西	0	4～6	(秋春相连)	6～8

春天的信使

春江水暖鸭先知

这是宋代诗人苏东坡为画家惠崇所作的画《春江晚景》题诗中的名句。

春天回来了，竹林之外有两三枝桃花绽开了，喜水的鸭子最先跳入江水里游起来。江水已经变暖，人们还没觉察到，可是鸭子已经感觉到了(图49)。

奇怪，“春江水暖”为什么“鸭先知“呢？

动物学家发现，鸭子在－30 ℃的气温下，活动于冰天雪地之中，脚掌的温度虽降到2 ℃了，可它的体温却仍维持在40 ℃左右，其他大多数动物只能忍受－45 ℃的严寒，就连白熊和海豹也只能坚持到－80 ℃；到－100 ℃的时候，任何耐寒的动物都得死亡。

鸭子之所以特别不怕冷，是因为它的体内流向脚掌的血液，在到达脚掌之前，必须流经腿部的一组细密的血管网，这样血液到达脚掌时温度就很低了，可以防止气温从脚掌散失掉。另外，鸭子身子长满了浓密的羽毛，皮肤下又积蓄着一层厚厚的脂肪，这些都能防止体内热量的散失。正因为鸭子有这样的耐寒本领，所以江河刚一解冻，它们就迫不及待地下到水中去了。自然，水温回升的每一点变化，鸭子是最先感觉到的。

图 49　春江水暖鸭先知

由此可见，鸭子真可谓春天的信使！

春来江水绿如蓝

这是唐代大诗人白居易的小令《忆江南》中的词句，显示了诗人观赏自然景物的细致，无意中涉及一些科学的道理。

这里所说的科学道理在哪儿呢？

你看，太阳光投射到水中，和组成水的无数细小的分子相碰撞，那波长较长的红、黄色光的能量较小，穿过水面在到达浅水层以后，立即变弱而散失。只有那波长较短的蓝、绿色光能进入深水层，和水分子相碰击，被水分子撞击得向各方散射，而折回到水面时，我们才看到它的蓝、绿色。水越深，水分子散射的蓝光就越浓；当水分子和泥沙小颗粒同时散射光线时，绿光占了优势，水就呈现绿色。

随着春江水温的升高，水中浮游微生物也繁殖起来了，浮游微生物虽然微小得连肉眼都看不见，但比起水的分子来要大得多，也具有散射光的特性。某些浮游植物如小球藻之类，能在水里接受阳光制造的叶绿素，使水直接变绿。当水中的浮游生物大量增加时，水色会

被“染”得更绿。

忙趁东风放纸鸢

这是清代诗人高鼎描写儿童放风筝所作《村居》诗中的名句。

草儿长，莺儿飞，垂柳鹅黄。这正是春光明媚的二月天。放学回家的儿童，欢快地跑到春光笼罩的原野里，借着吹拂的春风，争先恐后地把风筝放上那万里晴空。

我国人民最早发明风筝。两千多年前的春秋时代叫它“木鸢”。五代时，有古书记载：“汉李邺于宫中作纸鸢，引线乘风为戏。后于鸢首以竹为笛，使风入竹，声如筝鸣，故曰风筝。”（图 50）

图 50　十美图放风筝（清代杨柳青年画）

那么，风筝为什么能上天空呢？从气候角度上讲，入春以后，地面受阳光照射，增温明显，上升气流明显加强，正是放风筝的好时节。从风筝本身来说，气流以相当大的力量压在风筝的前面，同时气流分成两股，分别从风筝上下边缘流过，因上下气流流速大小不同，于是在风筝背后形成了一个低压区。由于风筝前面的压强大，背后压强小，因此造成压强差。压强差作用到风筝上，又加上空气同风筝表面的摩擦力，就产生一股总是指向风筝后上方的阻力和向上的升力，使风筝飞上天空了。

飞上天空的风筝，当风的升力与风筝自身的重量和牵线的拉力三者基本达到平衡时，它能在空中稳当地悬游。当风力小时，风筝自身重量过轻，放飞后会左右摇摆，甚至一头栽落地面，这时需要在尾部系一段细绳，使风筝受力平衡。风力足够时，如果风筝还是飞不起来，那便是风筝重了，这时应将风筝的骨架做得更加精细，本身的纸尽量轻薄。另外，风筝结构不对称，受力不均匀，也难以飞起来。

我国北方风大，流行硬膀风筝，如沙燕、人物和长龙等。南方风力和缓，多用软翅，如蝴蝶、蜻蜓等。有的风筝上不仅装有竹笛和弦，还装上了明亮的灯笼，声像俱美。好的风筝的骨架结构，以及牵线的部位、长短、根数、角度，都设计得十分科学，所以能飞得高，飞得稳。

有关夏天的诗词中的科学

点水蜻蜓款款飞

这是唐代大诗人杜甫《曲江二首》诗中的名句。

夏天到了，天气热起来了。那三五成群的蜻蜓在水面上缓缓地飞舞着，还不停地用尾巴轻轻点水呢。

蜻蜓为什么喜欢在水面上飞，又为什么要“点水”呢？

我们先来观察一下蜻蜓的躯体结构吧。

蜻蜓的头部光而圆，前进时能减少空气的阻力；胸部的肌肉发达，长着两对云母般的金色翅膀；腹部细长，脚短小，飞行时缩在胸部的下面。这些构造都适于飞行生活（图 51）。蜻蜓都是飞行健将，大蜻蜓每秒钟最快能飞 40 米。有一种赤褐色的小蜻蜓，能从赤道地区飞到日本；海员们常常在离澳大利亚大陆 500 多千米的海域上空发现飞翔的蜻蜓，往返的里程就是 1 000 多千米啊！

蜻蜓头部的一双大眼睛，是由 20 000～38 000 只小眼睛组合成

图51 蜻蜓

的,所以叫复眼。复眼的上半部专管看远,下半部专管看近,七八米以内、100米以外飞动的小昆虫,它都可以看到。蜻蜓捕捉时,6只足向前伸开,合拢成一只"笼子",把小昆虫"关住",然后立即用口器嚼食起来。它每小时能捕食40只苍蝇或840只蚊子。

至于蜻蜓"点水",那是雌蜻蜓在向水中产卵。雌蜻蜓选好了有水的河边、池塘、湖滨,便一边飞,一边去做一次"点水",把卵产在水中。有时,雄蜻蜓还要帮助雌蜻蜓产卵呢,它在雌蜻蜓的上方,用尾尖勾住雌蜻蜓的背部,拖着雌蜻蜓在水面上飞呀飞,飞近水面时,用力一压,将雌蜻蜓的腹部末端压到水面,雌蜻蜓乘机把卵产入水中。可见产卵是个很费劲的事。这时蜻蜓不能高飞,也不能快飞,只能缓缓地飞,就是杜甫诗中所说的"款款飞"。

蜻蜓的幼虫叫水虿(chài),在水中生活。幼虫爬到离开水面的草枝上,脱皮,便成为蜻蜓。从幼虫到成虫,都以捕捉蚊、蝇等昆虫为食,对人类有益。

不仅如此,蜻蜓还是小小的天气预报员呢。晴朗的夏日要转成阴雨天气之前,气压下降,空气湿度升高,水汽很容易在蜻蜓翅膀上凝结起来,就迫使它们贴近地面飞行了。所以人们常说:"蜻蜓下屋檐,风雨在眼前。"

映日荷花别样红

这是南宋著名诗人杨万里《晓出净慈寺送林子方》中的诗句。

时入夏令,莲花开得正茂盛。你看,那清水池塘又是一片"接天莲叶无穷碧,映日荷花别样红"了。

荷花，属睡莲科，多年生草本植物。早在 3 000 多年前，《诗经》中就有“隰(xí)有荷华”的诗句。现在，荷花可分 3 类，40 余种。在长江流域、珠江流域栽植较多，黄河流域也有分布。

那么，映日荷花为什么会有特别的色彩呢？

这是因为，荷花瓣上生有许多毛茸茸的红色的小突起，它对阳光中的红色光反射最强，而对其余的色光反射却很弱，除了红色光，大多数色光被它所吸收。这样，到达人们眼里的，主要就是红光了。所以阳光下的荷花显得特别鲜红、醒目、动人。

很自然，荷花之艳丽，还因为有“无穷碧”的荷叶衬托。翠绿荷叶进行着光合作用制造有机养料，荷花才开得出鲜丽的花朵。荷叶表面有蜡质白粉，也有无数细毛，保护着叶面上的气孔，不让雨水和尘埃玷污侵入。雨点打在荷叶上，由于内聚力的关系，它总是保持着球状，恰似一颗颗水晶珠子，在绿玉盘似的荷叶上不停地滚动，十分悦目清心。由于有绿叶相衬，荷花显得更加姣美，难怪它被古人誉为“翠盖佳人”了(图 52)。

图 52　荷花

荷花之可贵，不只是在它风华正茂时供人观赏，还在于它有广泛的用途。莲藕可以生食，也可以熟食，还可制成藕粉、蜜饯、糖藕片等；莲子、莲须、莲心、荷叶、荷蒂、荷花等，分别有益脾养心、清凉解毒、通气宽胸、清淤止血等药用功能。说它全身都是宝，是不算夸张的。

东边日出西边雨

这是唐代诗人刘禹锡《竹枝词》中的名句。“东边日出西边雨，道

是无晴却有晴”句中的“晴”字与“情”谐音，诗人的本意是写初恋的少女对情郎情意绵绵而又羞涩的心情。把“情”字变成“晴”字，就由写人的感情变成写自然景色了。

夏天常会出现局部降雨的天气。人们有时会看到，这个村子下雨，不远的邻村却出大太阳。甚至近在咫尺也会有那边下雨这边晴的现象。

原来，在夏天，特别是午后阳光强烈，局部地方温度迅速上升，空气对流十分强烈。大量湿热空气猛烈地向上抬升，到达1～2千米上空以后，空气中水汽遇冷凝结成小水滴、小冰晶而成为云。这种云的形状好像一朵朵棉花球，气象学上叫做积云。随着湿热空气不停地上升，积云会继续加厚和扩大，看上去宛如一座底部平坦的大山，这叫浓积云。浓积云继续向上发展，可以升到7～9千米以上的高空，云的顶部温度在0℃以下，水滴变成了冰晶。这时云顶出现一层白色丝状像铁砧一样的帽子，这种云叫积雨云。

在积雨云里，有些小水滴和冰晶随着云体的发展而增大，当它们下降到气温较高的下部云层时，大水滴变成雨滴，大的冰晶变成的雪珠也融化成为雨滴，当上升气流托不住它们时，它们就降落下来，形成降雨了。

局部热力对流所造成的积雨云里，气流上下翻腾得很厉害，常会产生闪电鸣雷现象。而且积雨云里上升气流时强时弱，所以雨量时大时小，变化很大，又是一阵阵的，所以称为雷阵雨，又称雷雨。有雷雨的积雨云叫做雷雨云。

一般积雨云体面积较小，在它移动和产生降雨时，只能形成一个范围狭小的雨区，就会出现“东边日出西边雨”的天气现象。对于这种现象，民间又有“夏雨隔牛背”的说法。当然，大面积的积雨云布满天空时，这边下雨那边晴的现象就看不到了。

绿树荫浓人欢畅

袅娜多姿的垂柳，婷婷而立的梧桐，粗壮笔挺的白杨……含蓄着多少诗情画意啊！

绿树在哪里落户、成长，便使哪里披上了美丽的新装。

它们在城市里，列队于马路两旁，嵌成翡翠般的绿线。许多绿线又交织成一个怡人的绿网。这个网，又把城市分划成许多绿环翠盖、姹紫黛绿的宁静的小区，连那些车水马龙的繁闹景象，也隐没在这绿线之下了。

几千年前，就有秦始皇"治道立木"和蔡襄公"夹道树松"之说。几千年后的今天，林荫道已在人民城市的绿化、美化中普遍出现了。

有趣的是，这个与市民广泛打交道的林荫道，不仅装饰着整个城市，还在默默地为城市人民的健康服务哩。

在人口集中的城市里，你想：人们每天需要吸收多少氧气、吐出多少二氧化碳啊？单说一个成人吧，一天呼出的二氧化碳就是0.9千克，吸入的氧气则是0.75千克。而林荫道上的一棵棵树木却是一座座吸碳放氧的"绿色工厂"。一般城市居民每人只要有10平方米树木，就可供给所需的氧气和吸收掉呼出的二氧化碳。

林荫道又是工厂、街道排放扬起的大量烟尘和有毒气体的天然"过滤器"。有人做过实验，1千克柳杉叶（干重），每月可吸收3克二氧化硫；1平方米的榆树叶面上，一昼夜就能滞留3.39克灰尘。有些树木，还能分泌出一种挥发油，消灭空气中的病菌。据检验，1立方米空气中的病菌的含量，在百货公司内有400万个，在林荫大道上只有58万个。

夏天的防暑降温也与林荫道有关。树木能散发出大量的水汽，

滋润着来往行人，调和着城市空气。一棵大杨树，在夏季每天要通过叶面向空气中蒸腾出约50千克水，能使周围空气的湿度增加20%左右。由于水分蒸发吸收热量，空气会变得温润、凉爽，树枝树叶又能把太阳光反射回去13%，吸收70%，只有百分之几能透过，所以当露天气温高达35 ℃时，树荫下却只有22 ℃左右。同时枝叶还可以把声音反射回去。据说，没有树木的街道，噪音要比林荫道多5倍。因此，当你夏天在林荫下漫步时，会感到格外幽静、清凉、舒畅。

兴建林荫道是一项具有艺术性的工作。要求树种有一定的经济价值，应该容易生长，定期落叶，少有病虫害，而且，还必须具有色、香和立体的美感。法国梧桐、白杨和洋槐等一向为广大市民所喜爱。我们中国自然条件优越，适用树种一定不少，将来一定会有更多美丽壮观的各式林荫道，为人们提供更加美好的工作和生活环境。

秋天的讯息

秋高天碧深

秋天是夏天转变到冬天的过渡季节。这个季节，天高云淡，不冷不热，十分宜人。所以人们常用“秋高气爽”等词句来赞美秋天。南唐后主李煜曾写下“日映仙云薄，秋高天碧深”的诗句描述秋天。

初秋时节，从北方来的干冷空气势力还较弱，太平洋副热带暖高压频频北上，虽在暑夏之后，也往往出现三五天或一星期左右的闷热天气。在江淮流域，有的年份9月中下旬午后，最高气温会升到34 ℃以上，人们常称这种天气为“秋老虎”。

然而，随着北方干冷空气不断增强，白露节气过后，阵阵北风吹来，驱散了暑气，降低了空气湿度，使人顿觉清新凉爽。这时空中剩下的少量水汽，变成轻薄透光的云纱，飘浮于高空。虽偶有秋风秋雨，但雨量不大，持续不久。雨过风轻，干冷空气独占鳌头，天空云少又高，更见玉宇无尘，澄明一片。不像春、冬季节，天上的云总是一片灰暗，也不像夏天浓云蔽日，时而风驰电掣，时而暴雨倾盆。这个时候，云总是淡淡的，看起来，天也显得高了。

秋天不冷不热，这是因为入秋以后，地球对于太阳的位置有了变化，太阳辐射强度减弱，照射到北半球的时间越来越短，因而天气渐渐转凉。又因为秋夜天空无云遮蔽，地面在白天吸收的热量极易散失，所以金风习习，清凉如洗。而秋分以后又是夜长昼短，白天吸收的热量不够弥补夜间的散失，地面温度进一步降低，一般已降至 15～17 ℃。气温的降低，加上空气湿度的减小，人体排出的汗液容易蒸发，不再像夏天那样令人气闷，因而觉得“气爽”。

由于北方干冷空气不断南下，带来一次一次寒风，有时还带来阵阵雨水，因此民间有“一阵秋风一阵凉”“一阵秋雨一阵凉”的说法。一般情况，秋天大致每隔 4 天，平均气温下降 1 ℃。所以谚语说：“白露秋风夜，一夜冷一夜。”夜里空气中的水汽在草上凝结成露，气温在 0 ℃以下便结霜。秋天经过“一场白露一场霜”“一番秋雨一番冷”，就逐渐过渡到冬天了。

秋天天气对晚秋作物的生长十分有利，对冬小麦的出苗也大有好处。但初秋时节雨水较少，容易出现秋旱，这是需要防范的。

风高雁阵斜

天高气爽，月白风清，寥廓的夜空中，一群群大雁乘着漠北的秋风，秩序井然地向南飞去。

大雁的老家在内蒙古和西伯利亚一带。关于它南飞的时间，古人早就描述过了。汉武帝刘彻《秋风辞》中写道：“秋风起兮白云飞，草木黄落兮雁南归。”三国时曹操在他的《步出夏门行》一诗中也明确指出：“孟冬十月……鸿雁南飞。”这与现代鸟类学家的研究是吻合的。每年 8 月，大雁从老家出发往南飞，每小时飞行 68～90 千米，掠过黄河流域，10 月中旬前后，其“先头部队”就到达长江流域了，接着，

它们还要远下印度、南洋群岛等地，待到第二年春天又飞返故乡，营巢育雏。

大雁迁飞时，往往排成整齐的队伍，古人称之为“雁阵”。正如南宋诗人陆游在《幽居》一诗中所说的：“雨霁鸡栖早，风高雁阵斜。”这雁阵，或为“人”字形，或为“一”字形，正是唐代诗人白居易笔下所吟咏的：“风翻白浪花千片，雁点青天字一行。”这整齐的雁阵，以有经验的老雁为先导，当前面的大雁鼓动翅膀时，会产生一股微弱的上升气流，后面的大雁可借助这股气流在高空滑翔，这样一只跟一只鱼贯而行，便排成整齐的队伍了。

大雁为什么总是南来北往地迁移呢？这与日照的长短有关。冬去春来，白天变长了，而夏去秋来，白天开始变短，这些变化会影响雁的脑垂体和松果体，使它们感到烦躁不安，最后，终于觉得必须离开这个地方。在归途中，它们凭着对地磁的敏锐感觉，按着一定的路线前进，绝不会迷失方向。

大雁在空中掠过时，不时传出“咦唷、咦唷”（豆雁）或“哈、哈、哈”（斑头雁）的鸣叫，“雁鸣于天，声闻数里”。这是大雁用来互相照顾、呼唤、起飞和停歇的信号。途中栖息时，留有“警卫员”——就是《禽经》上说的：“夜栖川泽中，千百为群，有一雁不瞑，以警众也。”这只站岗放哨的雁叫“雁奴”，如遇意外，它立刻发出惊叫报警，率众高飞。

霜叶红于二月花

这是晚唐诗人杜牧《山行》诗中的名句。全诗如下：

远上寒山石径斜，白云生处有人家。
停车坐爱枫林晚，霜叶红于二月花。

这首诗描绘了一幅清新秀艳的“枫林秋晚”图：远处寒山萧索，一条石径盘山而上，白云缭绕的山林深处，秋烟袅袅竹篱茅舍的农家隐约可见。远处的山路旁，夕照中的枫林分外红艳，诗中人物不禁为之停车驻足，流连欣赏而不忍离去。你在吟诵这首诗之后，也许会想：

为什么秋天枫叶会变红呢?

先秦古籍《山海经》记载:“黄帝杀蚩尤于黎山,弃其械,化为枫树。”械就是桎梏,因染有血渍,化而为枫后,其叶就是红色的了。宋代诗人杨万里在《红叶》诗中云:“小枫一夜偷天酒,却情孤松掩醉客。”说枫叶变红乃是因为偷饮了“天酒”所致。而元人杂剧中则云:“君不见满川红叶,尽是离人眼中血。”说红叶是血泪染成的。

其实,枫叶变红与树叶里的色素变化有关系。

树叶里含有许多色素,如绿色的叶绿素,无色的花青素,黄色的叶黄素,橙黄色的胡萝卜素等,其中的主角是叶绿素,约占80%。在阳光的照射下,叶绿素能用水和二氧化碳制造养料,供给植物生长使用。从春天到夏天,日照加长,气温升高,雨水增多,树木生长旺盛,叶绿素不断死亡又不断更新,大约3天内可以全部换成新的。叶绿素在叶子里占了优势,便将其他色素掩盖起来,使叶片能保持碧绿色。

到了秋天,气温下降,雨水减少,叶片产生新的叶绿素的速度也随着减慢。特别是当寒霜初降以后,叶绿素便纷纷隐退了,这时其他的色素就取而代之。一般树叶中,这时含叶黄素较多的就是黄色,含叶黄素和胡萝卜素较多的变成了金黄色(图53)。

图53 枫叶

使树叶变红的是花青素。花青素是由葡萄糖变成的。一到秋天,有些树的叶片里会出现较多的花青素。这是因为树叶里储藏着淀粉,淀粉会分解成葡萄糖。平时葡萄糖被输送到植物各部分去做养料;天气冷了,叶片输送养料的能力减弱,葡萄糖就留在叶片里,越

积越多，大都变成了花青素。无色的花青素遇酸性会变成红色。枫树的叶片呈酸性，因而在秋天，含有较多花青素的枫叶变得嫣红鲜丽了，说它们“红于二月花”，一点也不夸张！

红叶，并非只有枫树叶一种。常见的还有柿树、乌桕、爪槭、黄栌等，又有黄连木、红叶李、火炬树、红楝、水杉、漆树、檫树、山槐、山棠、银杏等等，不下千余种。如果仔细观察，这些不同树种的红叶又红得各具一格（由于红、黄色素不同比例的配合），有的呈绯红，有的呈桃红，而更多的呈橙红、紫红、朱红、猩红、绛红、鲜红……使万山红遍，层林尽染。

红叶令人喜爱，常用来写诗作画。北宋李昉等编辑的《太平广记》里，就记载有“御沟流红”的故事。唐僖宗时，有个叫韩翠苹的宫女，秋天在御沟旁捡到一片红叶，对此触景生情，就在上面题了首诗：“流水何太急，深宫尽日闲；殷勤谢红叶，好去到人间。”她把这片红叶放到御沟中，随水流到宫外，被一个上京应考的青年于佑拾去了。于佑读诗后很受感动，也捡了一片红叶在上面题了四句诗，从御沟的上游放进水里。这片红叶随水流入宫内，凑巧又被韩翠苹发现而收藏起来。后来，皇帝放 3 000 宫女离宫；翠苹又正巧与于佑结为夫妇。婚后，双方发现彼此珍藏的红叶，爱情甚笃。一千多年前的“御沟流红”的故事，至今仍在民间流传。

我国观察红叶的地方，以北京的西山、南京的栖霞山、苏州的天平山为最著名。成都米亚罗红叶风景区是我国最大的红叶观赏景区。还有浙江杭州灵隐西山、临安天目山，山东石门、江西庐山和长江三峡都是著名的观赏红叶的胜地。

金风送爽，红叶流丹，万木似锦，焕发出姹紫嫣红、灼灼夺目的色彩，给人们制造出了一个美丽不逊于春天的秋天。

有关冬天的诗词中的科学

雪花开六出

“雪花开六出”是北周诗人庾信《郊行值雪》诗中的名句。“出”，是花分瓣的意思；“六出”即六瓣花。这句话就是说：雪花为六角形，似六瓣形花。

其实，雪花为六瓣形，早在2 000年前西汉文帝时代的韩婴就在他《韩诗外传》中明确指出来了：“凡草木花多五出，雪花独六出。”直到1611年，德国天文学家刻卜勒才记述雪花是六角形的，这比我国晚1 700年。

那么，雪花开六出，这是什么原因呢？

这同水汽凝华的结晶特性有关。

隆冬时节，天上云中的水汽，在小冰晶上凝华增大。冰晶属于六方晶系，它的分子以六角形为最多，也有三角形或四角形的。由于冰晶的尖角位置特别突出，水汽供应最充分，凝华增长得最快，这样便在六角形的冰晶棱角上长出一个个新的枝杈。当冰晶变得足够大时，就开始向地面飘来，我们称它为“雪花”。

人们观测到，当气温在－25 ℃以下时，生成的雪花大多数是六棱柱状；气温在－25～－15 ℃，雪花的晶体大多数是六角形片状；只有气温在－15 ℃以上的情况下，才能形成六角形的美丽的雪花。

每一朵雪花都是很小的，一般直径为0.5～3毫米，不过芝麻粒那般大。3 000～10 000朵雪花加在一起，也只有1克重。但在极个别情况下，雪花最大的直径，也能达到10毫米。至于文学作品上所描写的“鹅毛大雪”，是它们在飘落途中，成百上千朵雪花粘附在一起形成的。世界上一朵可能是最大的“鹅毛大雪”的雪花，是1887年冬天在美国蒙大拿州一个小区农场附近发现的，它的直径有380毫米，这已超出人们

所能理解的“鹅毛大雪”的范围了。

小小的雪花，在它们生成增长的过程中，总是在云中不停地运动着，而它周围的水汽条件也在不断地变化，这就使得水汽在冰晶上一会儿沿着这个方向增长，一会儿又沿着那个方向增长，从而形成了各种形态的雪花（图 54）。有的像一颗银扣，有的像六角形的薄板，有的像一颗闪闪发亮的星星……真是形形色色，美不胜收（图 55）。

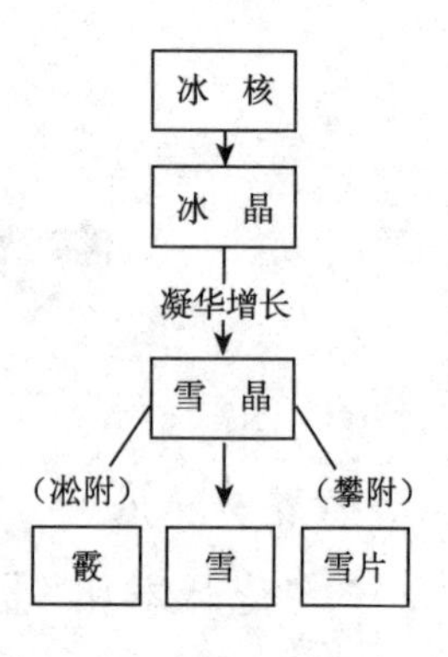

图 54　雪形成示意图

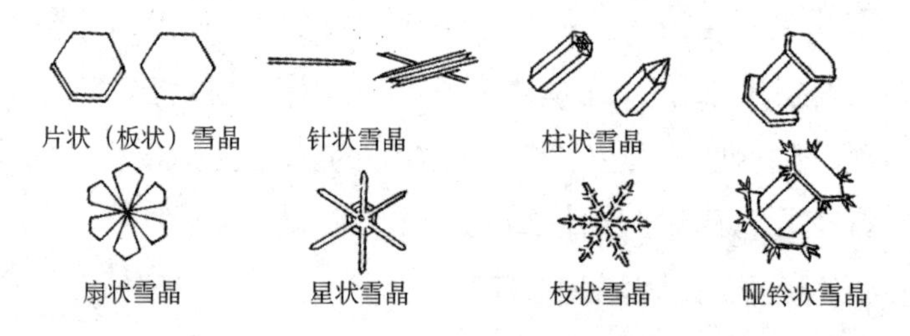

图 55　雪花结晶的基本形状

世界上没有两朵大小、形状一模一样的雪花。不过，万变不离其宗，雪花基本形状还是六角形的。

望雪一开颜

“望雪一开颜”，是宋代名将韩琦的《咏雪诗》中的佳句。这位带兵的将领熟知，冬天下大雪，对农业生产是很有好处的，所以他不禁吟咏：“六花来应腊，望雪一开颜。”

你也许会问，冬雪对农业生产究竟有哪些好处呢？

一般情况下，由于气温比较低，冬季的雪落在地上，不会马上融化。一场大雪，恰似一床棉絮把田野盖得严严实实。由于雪花之间的空隙里有大量空气，而空气是不善传热的，这样就减少雪下土壤热量的外传，也阻挡了积雪表面上寒气的侵入，从而提高了地温，有利于小麦、油菜等越冬作物的生长；同时也有利于土壤中微生物继续繁殖，以分解有机物质，增加土壤养分。雪中含有许多氮的化合物，也是庄稼生长的好肥料。

不仅如此，积雪还可以阻塞地表空气的流通，闷死一部分害虫。融雪时，要耗去不少热量，土壤温度随着降低，也可把土壤表面及作物根部一些害虫和虫卵冻死。积雪还能减少土壤水分的蒸发，融化时又供给土壤较多的水分，这对抗春旱是很重要的。

重水是一种密度略大于普通水的水。它不能用于饮用，微生物、鱼类在纯重水中也无法生存。有趣的是，雪水中只含万分之一重水，而普通水中则含五千分之一。因此，人们用雪水浸种，出芽率可提高40%；用雪水浇灌温室黄瓜，比用普通水浇灌增产一至二倍。用雪水喂猪，猪体质健壮，生长迅速；用雪水喂鸡，产蛋量比饮普通水要高一倍，蛋也嫩、大。

俗话说：瑞雪兆丰年。在我国北方农村，还有句谚语说："今年麦盖三床被，明年枕着馒头睡。"可见，雪实在是天赐人类的珍品啊！

植物越冬趣谈

冬临大地的时候，人们会穿上冬装以御风寒。植物也不例外。它们也会采取"措施"，迎击冬寒。

松柏等常青树一到秋天，就开始作抗寒的准备了。它们让绿叶"尽力"捕捉太阳光能，积累过冬的"储备粮"。这时叶片又分泌更多的蜡质，"盖"在叶表面增厚的角质层上，防止水分丧失。

不仅如此，叶内脂肪类物质逐渐增加，糖分的比例也在显著地加大，这样细胞液就不易结冰，抗寒的本领就增强了。所以苍松翠柏和青竹等，都能傲霜斗雪、经冬不凋（图 56）。

随着深秋的到来，许多树木纷纷卸下了自己的绿装。这就是人们

所熟悉的落叶现象。这些树木的根在冬季“喝”不到足够的水分，而且衰老了的叶片还要耗费许多养料、蒸发许多水分，成了“包袱”。于是，在叶柄基部组织内，产生一种离层细胞。这些细胞之间的胶粘物质发生溶解现象，致使细胞分离，变得异常脆弱，秋风一吹，叶子便飘摇落地。

图 56　白雪覆盖下的松树

有趣的是，植物学家们还发现耐寒性强的植物，其细胞膜有一种“随机应变”的本领。当气温下降到冰点以后，这些植物体内细胞间隙里会先出现冰块；由于细胞内水分大量外渗，冰块也就继续扩大。但并不伤害细胞膜及原生质。当气温转暖后，冰块融化为水，来自细胞内的水又迅速回到原处，以保持正常生命活动。

那些一年生的草木植物，像棉花、玉米和水稻等，在寒冬到来之前，已经叶凋茎枯，只有把生机寄托在后代——种子身上。种子里贮存了大量养分，好像备足了抗寒的“燃料”，把生命活动压缩到最低限度，“酣然长睡”。至于那些具有地下块根、块茎、鳞茎、根茎的多年生草本植物，除了结籽而外，植物还采用牺牲地上部分的办法，把珍贵的幼芽卷缩在根或茎上，枯死的部分，恰似一床棉被，生命便躲进其中，睡上一冬。

此外，萝卜和白菜在下霜以后，由于体内积存的淀粉会转化为可溶性糖，糖分增高后，细胞液就不易结冰受冻。白菜和萝卜有时可忍受－20～－15 ℃的严寒。含糖越多，耐寒的本领越大。所以，冬天的蔬菜特别甜。变甜，这也是植物抗寒的一种“措施”吧。

尽管植物有抗寒的本领，但是，一遇到过度的寒冷，尤其是骤然降温，植物猝不及防，体内生理变化不能马上适应，就会大批大批地死亡。如果冬前给作物施足“腊肥”（又叫“过冬肥”），就可以不断供应作物养分，促其冬壮春发；在施肥的同时进行培土，这也有增温防冰的妙用。给越冬蔬菜架风障、造大棚温室，给小麦及时灌水，给幼龄果树主干缠结草绳等，也都有“雪中送炭”之功，有助于植物安全越冬。待到大地回春，植物只要得到最起码的温暖，它们就会立刻恢复生机，绿滋滋地伸向太阳了。

四季花和花时钟

“我向前走去，但我一看到花，脚步就慢下来了……”这是意大利文艺复兴时期的大诗人但丁的《神曲》中的诗句。透过这诗句，我们可以窥见花的迷人的魅力。

花能美化环境，陶冶情操。可是你留意过不同花开放的时间也不同的趣事吗？

一年四季不同花，紫罗兰开花在春天，玫瑰花开在夏天，菊花开在秋天，梅花开在冬天，什么季节开什么花从不零乱。不仅如此，不同植物花开的月份也不相同呢，如：1 月，腊梅花傲雪开满枝头；2 月，梅花凌寒怒放；3 月，迎春花向人们报告春天的到来；4 月，牡丹展奇葩；5 月，芍药花千枝吐蕊；6 月，紫丁香万花争馨；7 月，野百合遍布原野；8 月，凤仙花芬芳吐艳；9 月，桂花香飘千里；10 月，芙蓉花放异彩；11 月，菊花傲霜开放；12 月，象牙红花开。

明代程羽文《花月令》记录了一年四季中一些主要花卉的开花、生长状况：

正月：兰蕙芬。瑞香烈。樱桃始葩。径草绿。望春初放。百花萌动。

二月：桃始夭。玉兰解。紫荆繁。杏花饰其靥。梨花溶。李花白。

三月：蔷薇蔓。木笔书空。棣萼韡韡。杨入大水为萍。海棠睡。绣球落。

四月：牡丹王。芍药相于阶。罂粟满。木香上升。杜鹃归。荼蘼香梦。

五月：榴花照眼。萱北乡。夜合始交。薝匐有香。锦葵开。山丹赪。

六月：桐花馥。菡萏为莲。茉莉来宾。凌霄结。凤仙绛于庭。鸡冠环户。

七月：葵倾日。玉簪搔头。紫薇浸月。木槿朝荣。蓼花红。菱花乃实。

八月：槐花黄。桂香飘。断肠始娇。白蘋开。金钱夜落。丁香紫。

九月：菊有英。芙蓉冷。汉宫秋老。芰荷化为衣。橙橘登。山药乳。

十月：木叶落。芳草化为薪。苔枯萎。芦始荻。朝菌歇。花藏不见。

十一月：蕉花红。枇杷蕊。松柏秀。蜂蝶蛰。剪彩时行。花信风至。

十二月：蜡梅坼。茗花发。水仙负冰。梅香绽。山茶灼。雪花六出。

更有趣的是，在一天当中，各种花的开放时刻又很不相同。白天开放的花很多。像蛇麻花在黎明3点开放，牵牛花约在凌晨4点才打开漂亮的喇叭，蔷薇花在5点前后吐蕊，蒲公英迎着红日，在6点钟伸出花盘，7点钟，芍药花和百花争艳，8点钟，毛茛、睡莲等相继登场，9点钟半枝连俏点枝头。马齿苋花开在10点钟。松叶牡丹花开，向人们报告"午时到了"。下午，万寿菊花3点钟竞放，紫茉莉花5点钟异彩纷呈，它又有美名叫夜娇娇。

晚上开放的花如烟草花，在6点钟开放，剪秋罗7点登台，8点钟，夜繁花敞开了花瓣。这时，夜来香、月光花和晚香玉，也怕羞似地张开了笑脸，散发出诱人的清香。10点钟以后，已经夜深人静了，那花中的“仙女”——昙花，才肯掀去面纱，露出美丽的真颜。

不同的花在不同时刻开放，构成了一个大自然的“活时钟”。18世纪瑞典植物学家林奈，当年便在自己的花园里精心设计了这样一个“活时钟”：只要看一看什么花开放，就知道是几点钟。他这个“活时钟”叫做“花时钟”。

不同花的开放时刻为什么不相同呢？原来与传粉的昆虫有关。蜜蜂在早晨三四点出来采蜜，那些“蜂媒花”便先敞开花朵欢迎。依赖蝴蝶传粉的花，多在9点张开笑脸，因为蝴蝶要到10点才到花间来采蜜。采蜜蛾子的活动大多在夜晚，所以靠它传粉的花，只是在夜间含羞露面了。植物的这种本领是对环境的适应。适应不了环境的，便结不出果实，被大自然淘汰掉。

现在，植物学家进一步了解到，在植物体内存在着一种光敏素。光敏素存在的形式，一种是红光吸收色素，一种是红外光吸收色素，而通过吸收光线又可使这两者互相转变，形成振荡系统，进而控制植物的开花时间了。这也许就是“花时钟”的原理吧？

研究花开放时刻有着重要的意义。我们可以把不同时刻开放的花集中起来，让它们在各处的花圃里济济一堂，争香斗艳，使环境变得更美。尤其在杂交工作中，选择作物正开花的时刻传粉，会结出硕大的果穗，获得丰收。

让更多的阳光变成粮食

太阳像一盏巨灯把大地照亮。科学家算了一笔账：在1平方米的地面上，安上3 000盏100支光的电灯，才比得上太阳的亮度。

电灯“点”电，油灯点油，太阳这盏巨灯“点”什么呢？1939年人们才揭开这个谜，它“点”的是氢。在太阳上，每一秒钟要有5亿吨的氢

变成氦，它放出的热量卡数，要在 90 后面加上 6 个“万”字。其中，大约有一千万万分之二的光热射到地球上来，被绿色植物的叶子所捕获。

绿叶为什么要捕捉阳光？

这是叶绿素制造有机养料的需要。

原来，在植物叶子的细胞里，有一些叫做叶绿体的椭圆形的微小绿色颗粒，这些叶绿体中，又有一些包含着叶绿素分子的更小的颗粒。如果你捻碎一片叶子，手指上就留下一块绿色的东西，这里就有叶绿素。人们常用“绿色的海洋”来形容地球上植物的繁茂景象。这正是叶绿素的“杰作”。

当金灿灿的阳光倾泻到叶子上时，叶绿素分子很快就变得活跃起来了：它把植物用根从土壤中吸收来的水分子一个个抓住，并且把它们拆开成为带正电荷的氢离子和带负电荷的氢氧根离子。两个氢氧根离子结合起来，在一种叫做酶的物质作用下，放出氧以后，又变成了水。叶绿素抓住了氢离子，又拉住从叶子气孔中进来的二氧化碳分子，经过一系列的转化过程，生产出了最简单的有机养料——碳水化合物。到这时，叶绿素分子立即回复到开始那种状态，又去捕捉阳光……

越来越多的最简单的碳水化合物形成了，在酶的作用下，它们又进一步合成了比较复杂的碳水化合物，像小麦和大米中的淀粉，甘蔗和甜菜中的葡萄糖，大豆和芝麻中的脂肪、蛋白质，亚麻和棉花中的纤维，各种水果和蔬菜中的维生素，等等。碳水化合物也是人类赖以生存的物质。

所以，叶绿素可以说是利用太阳光能制造碳水化合物的“绿色工厂”。叶绿素只有在太阳光的照射下，才能把二氧化碳和水转化成碳水化合物，同时放出氧气。这个变化过程叫做“光合作用”，也就是农业生产最基本的作用(图 57)。

地面上的那些绿色植物，虽然都在尽力争得阳光，但它们利用阳光的能力还是低得可怜。就拿我国华北地区和长江流域来说，小麦、水稻生长盛期每天每平方米土地上(叶面积)亩产干物质达 70 克以上，阳光利用率可达5%左右。但在苗期、衰老成熟期仅利用阳光1%以下，因此，整个生育期平均利用阳光只有1%～2%。阳光到哪儿去了？有的没有照在叶子上，浪费了；照到叶子上的，在进行光合作用时，一时又用不了，不是透过去，就是被反射出去，这又大大打了个折扣。

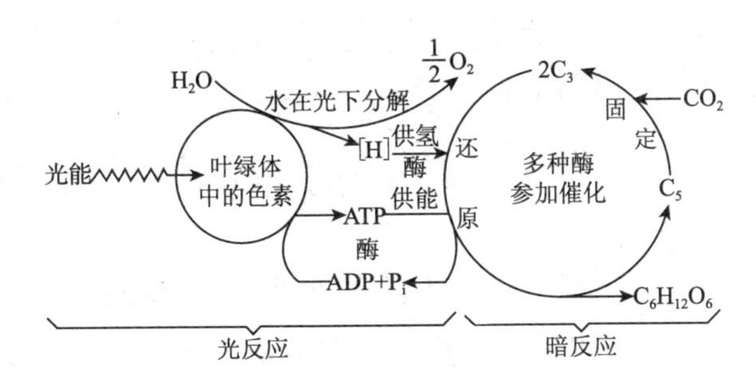

图57　光合作用过程图解

在暗反应阶段中，一些三碳化合物经过复杂的变化，形成葡萄糖；另一些三碳化合物经过重新组合，又形成五碳化合物，从而使暗反应不断地进行下去。

这就很明显，要想使农业产量提高，除了大搞农田基本建设，改进农业技术，实现农业现代化，在施肥、灌水、耕地、防治虫害等方面满足作物的需要外，还得想办法让植物的叶子更多地接受阳光。

增加农作物叶面积，是提高阳光利用率、增多粮食的一个办法。例如合理密植，可以增多每亩的株数，株数多了叶子总面积就多，受到的阳光自然也跟着增加。由于有更多的阳光对绿叶释放能量，充分进行光合作用，作物生产的物质就更多了。可是，过分密植，叶子挤在一起会互相遮荫，有些叶子照不到阳光，不但不能进行光合作用，制造碳水化合物，反而因为要维持呼吸作用而消耗养分。据试验，一般作物的总叶面积以不超过地面积的4倍为适宜。我国南方实行一年两熟或三熟制，北方用间套作的方法进行复种，使田间始终有充分阳光利用效率的旺盛群体，是重要的增产途径。

提高作物叶片的光合作用能力，是促进农业增产的另一个办法。现在对一般农作物的计算结果是，每平方米的叶子，每天可以产生的物质净重是12克，假如把这个生产能力再提高几倍，那么产量也就跟着上升了。

人们注意到:水稻、小麦、棉花的"绿色工厂"在进行生产的同时,还有一种叫做"光呼吸"的过程在消耗着光合作用的产物。光呼吸在光合作用形成碳水化合物的中间阶段,就将碳夺过来氧化,变成二氧化碳。这就好比一方面在装配一种产品,而另一方面却又把一部分还没有完全装好的产品拆掉一样。据测定,这种光呼吸竟然要消耗光合作用形成的中间产物的1/4~1/3!同时,水稻等作物又怕强光、高温,温度超过15~25℃时,光合作用能力就差了。这也限制了光合作用能力的充分发挥。

我国已经选育出光呼吸比较低的稻种。这稻种出叶快,叶色绿,谷粒重。这说明,人们有可能通过人工杂交、辐射诱变等方法,把光合作用能力低的作物品种,改造成为光合作用能力强的高产作物品种。当然,要完全实现这个目标,还需要作长期、艰苦的努力。

目前,蓬勃发展的杂交育种和高光效育种,就是选育个体高光能利用率的品种。精选和培育上部叶片直立,中部叶片接近水平的株形紧凑的矮秆植株,就能充分利用空间发展叶面积,又能尽量减少互相遮荫,叶子的光合生产能力就大大增强了。可是怎样才能让叶子按我们的意愿生长,提高大田农作物的光能利用率呢?这是植物学家正在研究的一个新课题——"群体生理"。

发展有良好生态条件的"水面庄稼",也是提高阳光利用率,创造高产的一个好办法。其他,如进行农田空气施肥,增加温室或农田二氧化碳浓度,喷洒化学药剂刺激作物生长等,都是值得研究的提高阳光利用效率的增产措施。

不过,让更多的阳光变成粮食,仍是靠天吃饭。那么,能不能利用人工的方法合成叶绿素进行粮食生产呢?答案是:能。人工合成的叶绿素,也能利用阳光把二氧化碳和水制成碳水化合物,光合作用在强烈的灯光中也照样进行。所以,人们可以利用灯光,在房子里用人工合成的叶绿素,昼夜不停地制造有机养料,也就是达到了人们设想中的"农业工厂化"。随着科学的发展,"农业工厂化"的理想必将会变为现实。

空间天气

从地球到太阳的距离

1 600 多年前，在我国东晋的时候，有个皇帝名叫司马睿（晋元帝，司马懿的曾孙）。有一天，晋元帝正在皇宫里逗着小儿子司马绍（后来的晋明帝）玩耍，忽然，从长安（今陕西省西安市）来了一个信使。于是，晋元帝随口向小儿子提了个问题：

“你看，是长安距离我们远呢，还是太阳距离我们远？”

“太阳远，”小儿子脱口而出，并回答说，“平时，我只听说有人从长安来，可是从来没听到有人从太阳来，因为太阳太远了。”

第二天，晋元帝想在众臣面前夸赞一下他小儿子的聪明，又拿昨天的问题来问他。不料，小儿子这次却改口说：“长安远。”

晋元帝听了大吃一惊，连忙问他为什么，小儿子从容地回答说：“我抬头能见到太阳，却见不到长安，看不见的东西当然比看得见的来得远了！”

晋元帝小儿子的想法是从日常生活经验得出来的，是动了脑子的，难能可贵。

古代科学还没有发展到那么高的水平，人们自然无法正确解释所看到的现象。只是近代科学技术发展起来之后，太阳远还是长安远的问题才得到彻底解决。

现在，对长安的远近，查一下交通地图就可以知道了。可太阳究竟离我们有多远呢？现代天文学家用仪器测量：太阳到地球的平均距离有 149 597 870 千米，也可以近似地说是 1.5 亿千米。假定在地球和太阳之间筑一座大桥，如果有人在这桥上每小时步行 6 千米到太阳上去旅行，就要连续走 2 844 年（图 58）。

2 844 年，这是多么漫长的旅途啊！但在我国春秋战国以前，相传有个叫夸父的人，他家住北方的大荒地方。他天天看到太阳从东方升起西方落下，便想到要去追赶太阳，将它捉住，让太阳固定在天空，使大地永远光辉灿烂。

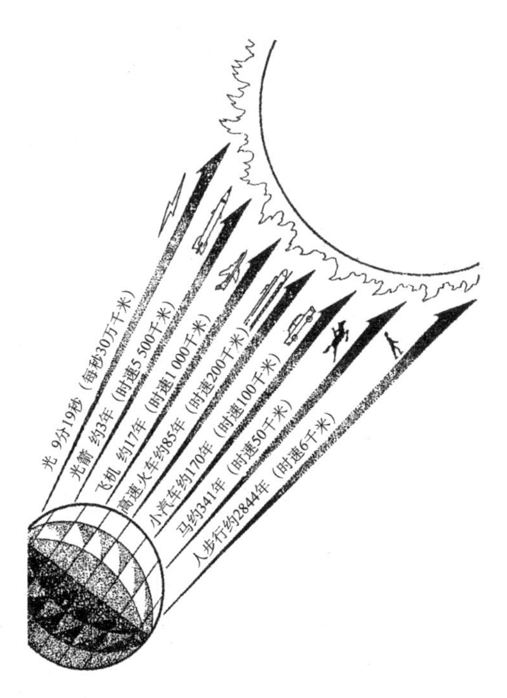

图 58　从地球到太阳的距离

有一天，夸父手持木棍，急步踏上追逐太阳的旅程。起初夸父见到的太阳是一个不大的光盘，随着步子加快，日轮不断扩大。夸父感到身上愈来愈热，气喘吁吁，尽管如此，仍不停步。夸父逼近太阳了，太阳的万丈光焰烤得他七窍生烟，干渴难忍，便俯身一口气喝干了河水，然后继续往前追赶太阳。追呀追，又渴了，夸父想转身去喝一个大泽里的水，然而他太累了，太渴了，终于力不从心倒下去了。

其实，在地球 1.5 亿千米以外的太阳，夸父一辈子也是无法追到的。但夸父追求光明的精神不断激励着后来追求太阳光辉的人们。随着科学技术的进步，现在人类已能发射同步人造卫星，使它始终在太阳照耀下；人类还能把航天器送到太阳近旁去看个究竟。将来科学家研制成功每秒可飞行 29.9 万千米的光子火箭（每秒光的前进速度是 30 万千米），那时到太阳去旅行，旅程只要 8 分 19 秒了。

至于晋元帝小儿子所说的“抬头能见到太阳”，这是因为太阳体积很大的缘故。天文学家计算出：太阳直径约 139 万千米，在其上面可以一字排开 109 个地球。如果把太阳看做一个空心巨球的话，用地球把它装满，除需 90 万个整地球外，还要把 40 万个地球切成碎块来填缝呢！

人们有这样的经验，物体距离我们愈远，看起来愈小。所以，在地球上用肉眼看1.5亿千米以外的太阳，就好像一个不大的光盘。

大大小小的太阳黑子

从很早的古代起，我们祖先就知道太阳表面上有黑子了。世界公认的最早的黑子记录，是西汉成帝河平元年（公元前28年），“三月乙未，日出黄，有黑气大如钱，居日中央”（《汉书·五行志》）。这里所说的“黑气”，就是太阳黑子。

在这以前，我国还有更早的关于黑子的记载。约成书于公元前140年的《淮南子》中有“日中有踆乌”的叙述，“踆乌”也就是黑子的形象。比这稍后的，还有“汉元帝永光元年四月……日黑居仄，大如弹丸”（《汉书·五行志》）。这表明太阳边侧有黑子倾斜形状，其大小如弹丸。永光元年是公元前43年，这个记载也比河平元年的记录为早。

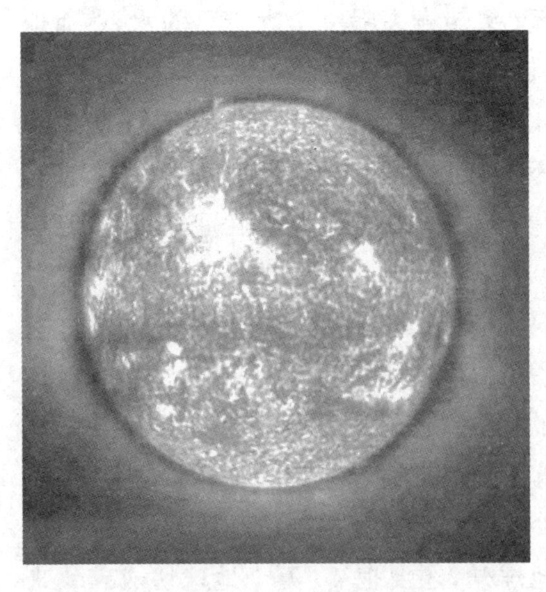

图59　太阳黑子大爆发

欧洲发现太阳黑子的时间比较晚。直到公元1610年，意大利天文学家伽利略才用望远镜观察到了太阳黑子。

随着科学技术的进步，天文学家发现太阳黑子是一些暗黑的斑点，它是太阳表面翻腾的炽热气体卷成的一种漩涡现象（图59）。黑子实际上并不黑，只是它的温度约 4 500 ℃，比周围的太阳光球低 1 000～2 000 ℃(太阳光球层表面温度约 6 000 ℃)，因此，在明亮的日面衬托下，才显得暗黑了。黑子区域里也有许多亮点，并且还有闪光。黑子的直径平均 5 万千米以上，最大的达 20 万千米，里面可以并排放下几十个地球。

黑子在太阳表面经常处于变化之中。大黑子是由小黑子长成的。小黑子的前身生活在太阳光球里的小孔中。这些小孔比米粒要大两三倍。小孔在出现不久之后就消失，只有小部分留下，并且从里面诞生出小黑子。它里面物质的运动速度达到1 000～2 000米/秒。黑子大都只“活”几天到几个星期，少数能“活”几个月，极个别的长达一年。

黑子在日面上不断地消失，又在不断地产生着。它常常成群结伙地出现。一群黑子里面大多数是小的，也有少数几个大黑子，好像是它们的“首领”。前面的大黑子(在太阳西边)以每昼夜 7 000 千米的速度向前飞奔，随着参加的小黑子越来越多，大黑子也越来越大，几天以后，队伍拉长到几万千米。以后，它们开始慢慢地停下来。小黑子首先隐退了，接着是大黑子分裂不见，最后，“领路”的大黑子成了孤零零一个，但不久，它也衰微消失了。黑子在日面上自东向西移动，这个现象是太阳自转的反映。

太阳上黑子出现的数目有时多，有时少，变化的周期平均是 11 年。这数字是 1843 年德国人史瓦布首先得到的。但是，如果引用我国古代太阳黑子的记录加以分析，也完全能够得到相同的结果。1975 年，云南天文台编集我国从公元前 43 年到公元 1638 年的黑子记录共 106 条，计算得出周期是 10.6±0.43 年，同时还存在 62 年和 250 年的长周期。

古代记录表明，黑子出现少的年份，气候暖和，1978 年只发现 3 个黑子，气候就比往年热得多。而黑子多的年份，气候就比较冷。因为黑子频繁活动会对地球的磁场产生影响，这影响主要是使地球南

北极和赤道的大气环流作经向流动，从而造成恶劣天气，使气候转冷。在我国古代历史上，6，9，12，14 世纪黑子记录多，也是严冬多的世纪。特别是黑子数多的 12 世纪初期，我国气候严寒。据记载，公元 1111 年面积 2 250 平方米的太湖，结冰坚实，湖面足可行走马车。严寒天气把太湖洞庭山上的柑橘全部冻死。

另外，在太阳黑子出现多的时期，由于黑子频繁活动所引发的大量带电粒子流与 X 射线冲击地球时，会引起地球磁场的极大变化，从而干扰地球上电讯和电话的传送，破坏高空的电离层，妨碍着无线电通讯，给航空、航海、电视传真等也带来巨大的影响。

太阳打喷嚏——太阳风

万物生长靠太阳。太阳所提供的光和热，给了地球无限生机。在各个古老文明中，太阳都被当做神灵来敬仰和膜拜。

太阳是一个在自引力作用下收缩并聚合在一起的巨大等离子体球(图 60)，主要由氢(90%)和氦(10%)组成，碳、氮、氧等其余元素仅占约 0.1%。太阳中心密度最大，向外慢慢减小，平均密度是每立方厘米 1.4 克，等于地球平均密度的 1/4。

从太阳中心到边缘依次分为四个区域，它们分别是核心、辐射层、对流层和太阳大气。核心质量仅为太阳质量的一半，体积占太阳的 1/50，但其内部热核反应却产生了 99%的能量。核心产生的能量通过辐射、对流的方式传到太阳的表面，也就是太阳大气中(图 61)。太阳大气是由三个层次构成的，由里到外分别是光球、色球和日冕。

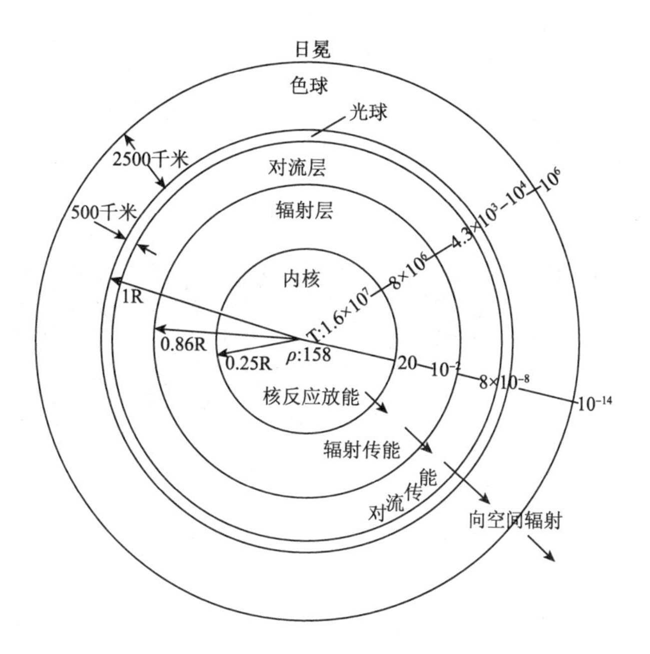

图 60　太阳剖面结构示意图

我们平常看到那光辉夺目的太阳表面叫做光球，它只是太阳大气中最下面的薄薄的一层，不过 500 千米厚。光球上经常出现一些温度较低的区域，看上去比周围暗一点(其实比满月还亮)，那是太阳黑子。

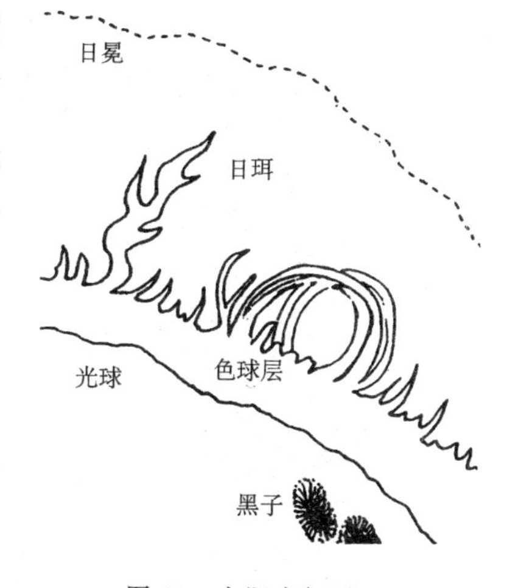

图 61　太阳大气层

太阳光球上面是玫瑰色的色球层，也只有 2 000 千米厚，是一片火焰的海洋，火浪滚滚，瞬息万变。有时，巨大的火舌从色球层中突然升起，高度达几十万乃至上百万千米，这叫做日珥。它像是太阳边缘的“耳环”一样。

在太阳活动剧烈时，色球层上(常在黑子群上空)会出现一个突然增亮的亮点，有几十个地球大，这叫做耀斑，也叫色球爆发。爆发时会喷出强大的无线电波、紫外线、X 射线和大量的高速带电粒子

流，它的强度会在短时间内猛增几十倍、几百倍甚至成千上万倍（图62）。这一爆发可持续几分钟甚至几小时，释放的能量相当于100亿颗百万吨级的氢弹爆炸。如果发生在地球上，差不多每人要承受两颗氢弹的打击！

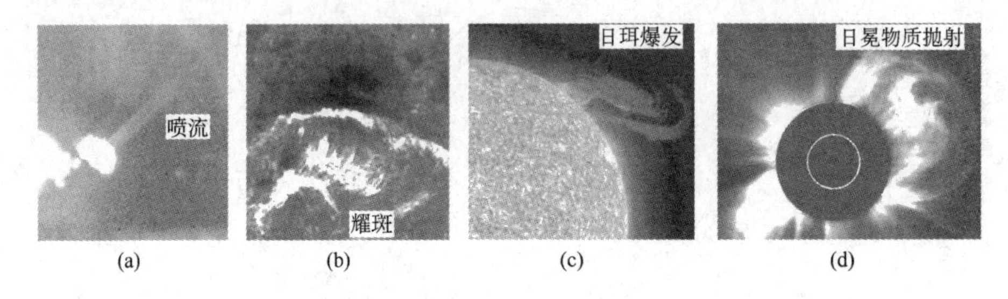

图62 各种太阳爆发现象

据观测，当太阳上的黑子又多又大时，太阳活动一定也处于高峰期。从2000年3月开始，太阳上出现一对大黑子，然后一群一群的黑子都相继出现了。这是太阳的磁场发生变化所致（图63）。

图63 杂乱的磁力线

在11年太阳活动周期过程中，太阳的磁场被扭曲变形，变得杂乱无章。这是太阳黑子、日珥、耀斑以及日冕物质抛射的根本原因。

长期研究发现，太阳磁场的南、北极每隔11年左右对换一次。磁场翻个跟头，上面的各种粒子流就得赶快重新排列，这时耀斑就一阵接一阵地出现大爆发。国际天文学联合会规定以1755年作为第一个太阳活动周期开始之年，1996年开始为它的第23个“活动周期”。2007年开始进入第24周太阳活动的峰年（或称极大年）。

太阳大气的最外层是日冕层。它由稀薄的等离子体组成，粒子密度为每立方厘米1 000至10 000万个；温度约为15 000 ℃。由于太阳温度极高，引起日冕气体在热压力的作用下，连续不断地向外膨胀。日冕底部的膨胀速度是每秒几百米的低速，而在离太阳1 000万千米或更远处，它竟达到每秒几百千米。这样的连续膨胀，驱使这些由低能电子和质子组成的等离子体，不停地向行星际空间运动。这些带电粒子运动的速度达到每秒350千米以上，最高每秒达1 000千米。尽管太阳的引力比地球的引力要大28倍，但这样高速的粒子流，在从日冕底部等离子体被推来的过程中，仍有一部分要冲脱太阳的引力，像阵阵狂风，不停地“吹”向行星际空间，所以被人们形象地称为“太阳风”。

太阳风是1958年由人造地球卫星测出来的，并为美国科学家帕克等人所首先发现的。1962年，“水手2号”飞船获得的资料进一步证实了“太阳风”的存在，积极地开展了研究工作。

据研究，由于太阳大气不处于静态平衡，太阳日冕向行星空间扩展，形成所谓的“太阳风”，指的就是从太阳日冕层中发出的强大高速运动的等离子体带电粒子流。科学家把这一现象比喻为太阳“打喷嚏”。

太阳风来自“冕洞”。“冕洞”是日冕表面温度和密度都较低的部分。在X光射线和紫外线下看起来比周围地带要暗，就像一个个的黑洞。它不断地出现在太阳的“南极”或“北极”的一片延伸至“赤道”附近的不规则暗黑区域。随着太阳旋转的冕洞，如同草地上浇水的水龙头，把太阳内部爆发产生的高速等离子流抛向太空。

太阳风的主要成分除了自由电子外，主要包括质子（氢原子核）和α粒子（氦原子核）。太阳风密度为每立方厘米2～20克，速度为每

秒200～800千米。太阳风到达1个天文单位(即日地距离1.49亿千米)时典型速度大约为每秒400千米。这个等离子流的太阳风扩大到太阳周围以至行星际空间,领域可波及100个天文单位!

太阳风不仅将太阳的物质和能量“吹”向行星际空间,还携带着太阳磁场。因为在导电率大的等离子气体中,磁力线附着于这个等离子气体移动,这就是说,太阳风在运送磁场。因此,从日冕喷出的太阳风引出太阳磁场,形成行星际空间磁场。由于太阳自转周期大约是27天,因此每隔27天,太阳风扩散到行星际空间的磁场形成螺旋状(图64)。太阳风到达地球一般只需5～6天。

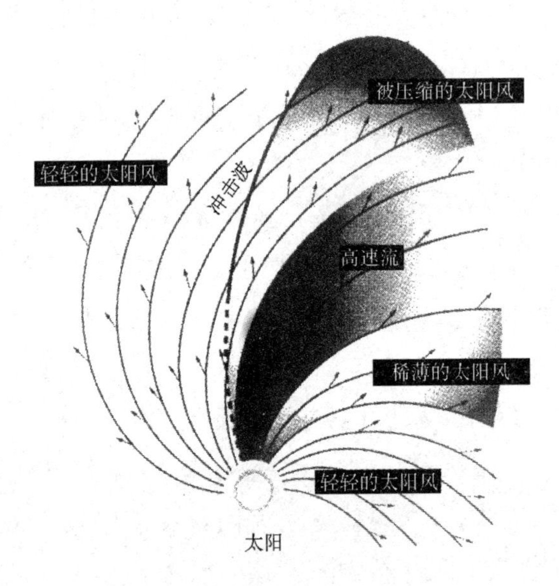

图64　太阳风螺旋形磁力线

图中箭头表示太阳风的速度矢量

太阳风携带太阳磁场会给行星际空间和地球周边的电磁现象造成很大影响。极光是最明显的现象。太阳风这股带电粒子流撞击到地球上空的大气层,激发地球上南北极及其附近上空的空气分子和原子,能发出色彩绚丽、千变万化的极光。太阳风的增强可以引起地球磁场的变化。强大的太阳风能够将地球原来条形磁铁形式所组成的磁场压扁并使其不对称，形成一个固定的磁层区域，其外形像一只头朝太阳的“蝉”，“尾巴”拖得很长很长(图 65)。

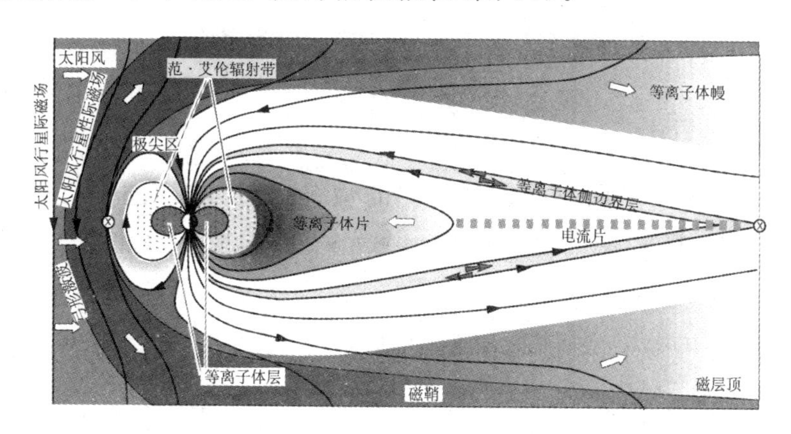

图 65 磁层的基本结构

太阳风的巨大冲击使地球磁场强烈地扭曲，产生被称为“杀手”的电子湍流。这种“电子湍流”能钻进卫星内部造成永久性破坏，又能切断变电器及电力传送设施，使地面电力控制网络全面混乱。1989 年 3 月的一次太阳风横扫加拿大魁北克省和美国新泽西州的供电系统，使大约 600 万人遭遇几个小时的电力中断。1998 年 5 月发生的一次太阳风，使美国发射的一颗通讯卫星失灵，造成北美地区 80％的寻呼机无法使用，金融服务陷入脱机状态，信用卡交易、股票交易中断多时。地球磁场的急剧变化甚至可能对空间站中宇航员的生命构成威胁。2003 年 10 月底，爆发了 30 年来最强的一次太阳风暴，在这次“万圣节风暴”期间，国际空间站的宇航员被迫启动了辐射防护舱。太阳风引发磁层扰动期间，距离地球 36 000 千米高空处可能会产生强烈的真空放电和高空电弧，这会给同步轨道上的卫星带来灾难，甚至导致卫星毁灭。

太阳风的危害性促使人类对其跟踪监测。人们监视太阳活动的手段，目前正从传统的地面望远镜或其他传感器而转向卫星技术。监视太阳风的动向，掌握其规律，并做好防御工作，减少其成灾的程度是完全可能的。

磁层·电离层·磁暴

由于太阳活动引发的日地空间的状态变化，称为空间天气。

专家说，日地空间主要是指地球的中高层大气、电离层、磁层以及太阳和地球之间的空间。空间天气如果与人类生活能直接感受到的风霜雨雪相比拟，“风”是指太阳风，“雨”是指来自太阳的带电粒子雨，……只不过空间天气的主体不是大气和水，而是等离子体和磁场等物质。

当等离子流体和地球磁场发生作用时，会导致地球磁层以及磁场的扰动，也就形成了空间天气的状态变化。空间天气的变化可能危及人类的生命和健康，甚至可引起卫星运行、通信、导航以及电站输送网络的崩溃，造成社会经济损失。

人们知道，地球是有磁性的，它如同一个巨大的磁铁，其两极分别在地球的南极和北极附近，如图 66 所示。图中有箭头指向的线是磁感线，表示地球磁场的分布，它包围着整个地球。

地球的磁场，即磁感线要向地球周围空间延伸很远，比大气层远许多倍，形成地球的外磁场。磁场能俘获带电粒子。当来自太阳风中的一个带电粒子到达地球的磁场时，它可能在磁感线之间被俘获。无数这样的粒子在磁场中不断地被俘获，它们就形成了不同于地球大气层的磁性大气层，简称磁层。大气科学将500 千米以上的外大气层称为磁层。

当磁层没有受到太阳风的压力时，地球的磁场会是环形对称的。由于受到太阳风的压力作用，磁层会变为“蝉”的形状。向着太阳的一面被压缩了，而背对太阳的一面形成了一个长尾巴，称为磁尾。向着太阳的一端距地心约十几个地球半径，即 70 000～80 000 千米。

磁尾(背对太阳一端)长约100个地球半径,即600多万千米。太阳风与磁层之间的边界即为磁层层顶,顶以外即为行星际空间。因此,也有人认为磁层顶才是大气圈的顶。

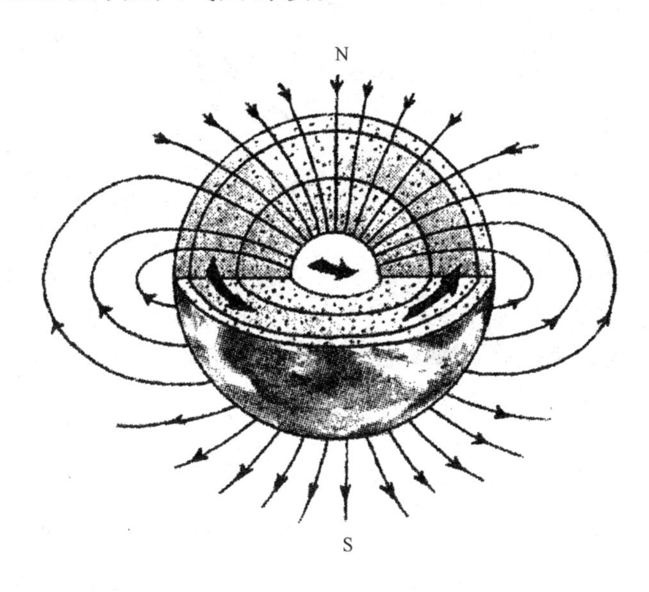

图66　地球磁极示意图

我们的地球拖着一条长长的磁尾巴在太阳风中运行。在那里,太阳风首次遇到地球磁场,就像汽车的挡板会挡住汽车周围的风一样,磁层阻挡了太阳风。然后,太阳风的流线被强制围绕磁层流动。但仍有数不清的上万亿带电的微粒渗透进来,有些微粒被阻挡(即被磁层俘获)后,就形成了地球辐射带。另一些则螺旋似地落到地球南北极的磁感线上。因磁层干扰释放了能量,激发了氮和氧原子,最终形成了耀眼的极光。

又因为磁层中所俘获的粒子是高能带电粒子,所以,它们所产生的电离辐射性非常强,能在几千千米外穿过强辐射带。围绕地球的这个环状带里的辐射是强烈的。1958年,范·艾伦分析人造地球卫星探测器的资料,于1959年证实了地球辐射带的存在,因此它也被称为"范·艾伦带"。它像一大一小两个汽车轮胎套在地球周围(图67)。

图 67　地球磁场受到太阳风的挤压，形成不对称的磁层

太阳永远处于变动之中，而它的每一变动，又深刻地影响人类居住的地球。我们经常收听无线电广播。同光线一样，无线电波是直线前进的，而地球是球形的，可是我们照样能收听到远方电台的广播，这是怎么回事呢？我们得感谢太阳。色球层和日冕发出的紫外线和 X 射线，使离地面一百多千米高的大气层中氮和氧的分子和原子大部分电离了，形成了电离层。电离层能反射短波。广播电台发射的短波，经过电离层和地面的多次反射传到了遥远的地区。在太阳宁静的日子，色球层和日冕发出的紫外线和 X 射线是稳定的，电离层就像平静如镜的水面，对无线电波起着反射作用。一旦太阳表面出现耀斑，发出的紫外线和 X 射线突然增强，引起电离层扰动，就像水面上起了波涛，短波广播和通讯普遍衰退，甚至全部中断。短波通讯受到干扰，对军事、通讯等部门是严重威胁，需要及早预报，以便改用其他的通讯手段。

太阳耀斑抛出的带电粒子流快速撞击地球的磁场会产生所谓的磁暴、磁层亚暴等。整个地球磁层发生的持续十几小时到几十个小时的一种剧烈扰动，称为磁暴。1996 年春天，磁暴导致加拿大正常运行5年的通讯卫星停轨事故，几小时内，各种主要的传递数据都消失了。磁暴期间出现的一种短暂的强烈的磁层扰动称为亚暴，主要扰动整个磁尾和极光带附近的电离层。专家认为，磁暴引发的电火花会使卫星的太阳电池和几十个无线电继电器之间的联系中断。

太阳活动高峰期发生的磁暴危害更大。在那时，来自太阳表面的高速等离子体就像导弹一样奔向地球。进入磁层的等离子体会扰乱广播信号，甚至渗透海底和岩石。它还会侵蚀埋入地下的管道，干扰电信，烧毁变压器。地磁扰动受太阳活动制约，具有11年周期。1989年是太阳活动的高峰期，磁暴所产生的电流就破坏了加拿大魁北克的一个高压网。地球磁场被扰乱后，绕地球飞行的人造卫星可能失去方向控制，甚至闯入星际太空，变成六神无主的“孤儿”。2000年7月14日18时14分左右，太阳表面发生一次强烈的耀斑爆发，X射线爆发强度分别是6月2日、6月6日至7日两次爆发的8倍和6倍，也是进入太阳活动峰年以来最强的一次爆发，对我国造成了很大影响。

地磁扰动对人类健康也有一定的影响。研究发现，在1173—1976年的803年间，全球流感大流行发生过56次，每次都在太阳活动的极盛期。人们还发现在太阳耀斑出现而引起强地磁暴后的第一天，心血管病突然发作或猝死者显著增加。这期间，高血压患者还会血压升高，心跳过快，病情加剧，危及生命。磁暴还直接影响人体内生理、生化和病理过程，使血液、淋巴球和细胞原生物质的不稳定胶体系统电性改变，引起肢体凝聚，从而促使血栓形成，引起细胞间钙离子浓度骤降，细胞膜渗透性突然升高；削弱人体的某些防御系统，降低免疫力，增强对疾病的易感性。

生物气象学家认为，太阳耀斑大爆发引起地磁扰动，会造成地球气候异常，出现大范围的反常天气，从而使地球上的致病微生物大量繁殖，为疾病流行创造了条件。同时太阳黑子频繁活动会引起生物体内物质发生强烈的电离。电离如果发生在病毒内，就会使子代病毒出现某些新的变异，这种变异再经历几代遗传和自然选择，便不断

得到强化和巩固,人体对原来的病毒的免疫力就不起作用了。若如此,只要某地一旦发生疾病流行,就会迅速蔓延开来。此外,当太阳黑子和耀斑大量出现时,会辐射出极强的紫外线。紫外线剧增会引起流感病毒细胞中遗传因子的变异,发生突变性遗传,并产生一种感染力很强、而人体对其却没有免疫力的亚型流感病毒。这种新流感病毒一旦通过空气或水等媒介物质传播开来,就能酿成来势凶猛的流行性感冒。

太阳不仅无私地为地球提供光和热,为地球生命的生成及进化提供必要的条件,同时它的剧烈活动引发的空间中的状态变化,也会给地球环境系统造成一定的负面影响。现在,我国有多颗风云气象卫星装载着监测空间天气的仪器,在地面建立了空间天气探测网,加大了对空间天气的监测预报。而空间天气的具体影响以及如何防御,还需科学家进行不懈的研究。

天空,像在熊熊燃烧

天空像在燃烧。整个天空好似蒙上了一层无涯的透明的轻纱,好像被一种无形的力量抖动着,闪耀着美丽而又柔和的、淡紫色的亮光。霎时,天空中几个地方闪起刺眼的白光,光芒四射,像用灿烂生辉的银丝密密编织的云朵一样……而在另几个地方,这时还出现了几朵淡紫色的彩云。几秒钟后,光亮消失了。又有几个地方出现了几道长长的亮光,汇成一道光束,放射出淡绿色的抖动着的光芒。突然,那长长的光束像闪电一样离开原来出现的地方,射到高空顶处,停下来,形成一个光华四射的光轮。光轮不停地抖动着,慢慢地熄灭了。

以上是俄罗斯考察队员 L. A. 乌沙科夫在北冰洋北地岛上空目睹了一次奇异的火光后所作的描述。这种光怪陆离的迷人景象叫极光。

奥地利极地研究人员卡尔·魏普雷希特19世纪末在首次看到极光后兴奋地说:“大自然为我们施放了一次烟火,其绚丽壮观的景象超过了任何大胆的想象。”极光不只会出现在北极附近的上空,在南极地区也会产生。出现在北半球的称为北极光,出现在南半球的称为南极光。

极光出现的高度范围较大。下端离地面约73千米,上端离地面可达998千米。它在刚闪现时,由一条中等亮度的光弧,以直线或稍弯曲的形状横过长空伸展开去,宽度为十几千米或几十千米,长度达几百千米,甚至几千千米。它能以每秒几十千米的速度往返扫动,在几分钟内亮度可增大1 000倍。

极光千变万化,千姿百态。有时,它是光幕、光弧、光带、光柱、光斑、光束,也有时,它为均匀片状、线条或斑点。它一般呈白色、绿色或翠绿色,有时则呈红色或紫色和蓝色。有时出现在天顶,有时在地平线微露,有单层的,也有双层甚至多层的。有时稳静不动,有时却变化很快,犹如金蛇狂舞(图68)。

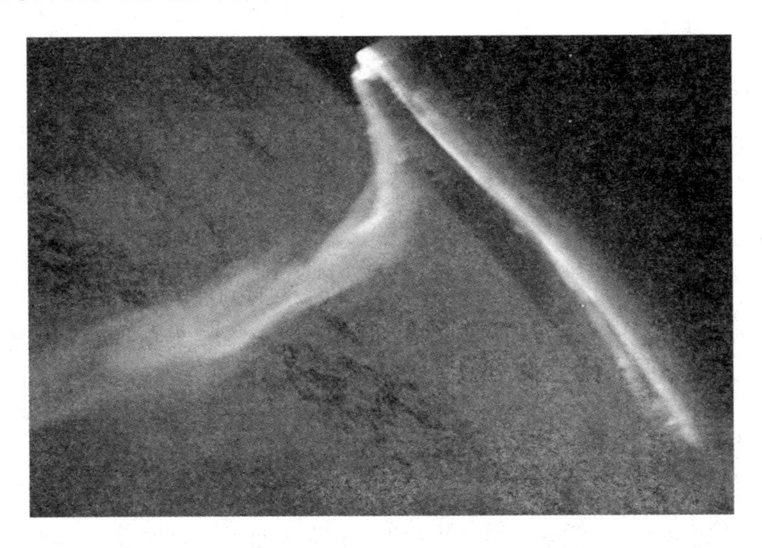

图68 蛇形南极极光

极光闪烁，通常一连持续几个小时，极个别的时候，甚至两三天都不会消失。这时，空气中仿佛有上千只小鸟在扇动翅膀，实际上，这是数不胜数的小电火花在噼啪作响。此时发生的是一种“静静的雷电”。

2000 年 4 月 6 日晚，在欧洲和美洲大陆的北部，出现了极光景象。在地球北半球一般看不到极光的地区，甚至在美国南部的佛罗里达州和德国的中部及南部广大地区也出现了极光。当夜，红、蓝、绿相间的光线布满夜空中，场面极为壮观。

2003 年 10 月 30 日，美国匹兹堡市出现极光，即使是在光污染严重的市内，但仍能看到红色的光芒。2004 年 11 月 7 日晚，又有较强极光出现在美国匹兹堡市，肉眼能看出绿色、红色。

2007 年 3 月，美国国家航空航天局“瑟宓斯卫星任务”的 5 个人造卫星群在阿拉斯加和加拿大上空侦测到北极光出现两小时。同年 12 月，“瑟宓斯卫星任务”传回新数据，科学家发现太阳释放的带电粒子像一道气流飞向地球，碰到北极上空磁场时又形成若干扭曲的磁场，带电粒子的能量在瞬间释放，以灿烂眩目的北极光形式呈现，发出红色和绿色光。

2012 年 2 月 14 日，挪威特罗姆斯郡威比亚奎地区出现了壮观的北极光，形似绿色卷曲状的“烟雾”。10 天后，挪威山脉上空出现了像窗帘般绵延的辉光，奇特的景象令天空观测爱好者非常惊讶。

很少有其他的自然现象像极光这样绚丽而壮观。我国的黑龙江和新疆的北部主要是春分和秋分前后偶尔能见到极光。而住在俄罗斯、瑞典和挪威北部的居民，一年可以看到 100 次左右的北极光，出现时间大多在春季和秋季。加拿大北部的哈得孙湾地区，人们每年见到的北极光更多，达 240 次左右。

人们长期不了解极光的起因，把它看做祸事丛生、天下大乱、灾害饥荒等灾难之先兆。这种见解在世界各地一直沿袭了几千年。在北欧的民间传说中，极光是战神沃丁的女婢们在护送死去英雄的灵魂经过天际去英烈祠时，手中所持的金盾的反光。芬兰的拉普人认为极光是“捐躯沙场的亡灵，至今仍在太空中浴血奋战”。加拿大的爱斯基摩人以为极光是鬼神引导死者灵魂上天堂的火炬。西欧人把极光说成是“上帝表示的愤怒”。直到18世纪初，欧州航海家们仍然有在北海见到了极光后马上返航的习惯，生怕灾难降临到自己头上。

不过，人们也曾编织一些吉祥故事，解释这奇异的火光。例如，传说中华民族先祖黄帝诞生前一年，“大霓绕北斗枢星”，这次极光在当时就被看做吉祥的征兆。又如，古希腊神话把极光当做两极地区的神明，说太阳神阿波罗有一个漂亮非凡的妹妹，名叫奥罗拉，她经常在夜空中翩翩起舞，她那飘忽的彩裙，多变的舞姿，驱散了黑夜，迎来了曙光。于是她成了曙光女神。“北极光”一词在拉丁文里就是“北极的曙光”，意思是仿佛日出前天空的光辉。

科学家们经过不断探索，证明极光与太阳活动密切相关。太阳除了发射出大量的光和热以外，还发射出大量的高能带电粒子流。这些高能粒子流射入地球大气的上层，受到地球磁场的作用，偏向南、北两极高空集聚。在两极，地球磁场形如尖端垂向地球的漏斗，太阳高能粒子在“漏斗”中螺旋下降时，地球高层稀薄气体受激发而发生亮光，氧发出红光和绿光，氮发出紫光、蓝光和少许深红色的光，氩发出蓝光，氖发出红光。高空中无数气体分子和原子发出各种颜色的光，形成了绚丽多姿的极光。

当太阳活动强烈时，高能带电粒子流量大大高于平时，极光出现机会就较多，也更加明亮而多姿，且到达的纬度也较低。1872年2月4日出现的北极光，连远离北极的印度孟买也看到了；1921年5月14日至15日，南极光达到了太平洋的萨摩亚群岛。

1988年8月25日夜间，我国黑龙江省漠河县、呼中区、新林区上空，出现了一次奇特而瑰丽的极光。当夜21时，西方地平线上突然闪现一个亮点，它开始时轨迹近似螺旋，然后沿着W的曲线上升。亮点尾部一条橙黄色光带像火烧云一般美丽。不久，亮点周围又出现一

个淡蓝色圆底盘，不断升高、扩展，并变成了玉白色。亮点一闪一闪，并射下一束扇状的光面，很快消失。这时，西方低空中的光带向上扩展成一个淡蓝色的云团，似一个倒立的烟斗。半小时后，这条橙黄色光带和淡蓝色云团才逐渐隐没。

在强烈的极光爆发期间，人造卫星、航天飞机和地面无线电通讯的讯号会受到干扰甚至中断；那些靠磁罗盘导航的飞机和轮船会失去方向导致失事；也可能在输电线路上产生电冲击，摧毁输变压器。另外，极光还能干扰军事预警卫星和侦察卫星，干扰大型跟踪预警雷达，并间接对导弹和人造卫星的飞行起一定阻滞作用。

据测算，一次通常宽 10 千米、长 100 千米的极光发电能力约有 10 亿千瓦，相当于德国最大核电站发电量的 700 多倍。可见极光的能量十分巨大。科学家们设想，在极光区建造一座 100 千米以上的巨型铁塔，把导体送到巨大的磁暴中，把极光发出的巨大电能接出来，这样，人类就不用为未来的能源担心了。然而，极光电流从何而来，如何稳妥地将极光电流引向地球这些问题，至今还没有解决。

气候变化

大气温室效应

许多科学家提出,全球气候变暖是由于大气温室效应引起的。

我国北方,大约从30年前起,人们在冬天能吃到新鲜蔬菜,并能欣赏到盛开的鲜花了。这些蔬菜和鲜花怎样度过严寒的冬季呢?这就是利用了温室效应。人们用玻璃盖成房子,或用透明的塑料薄膜做成大棚,外面的阳光可以射进室内或棚内,加热室内或棚内的空气,而室内或棚内的热量不容易向外散逸,使得室内或棚内的温度逐渐升高,这就是温室效应。北方冬季的蔬菜和鲜花就是在这样一种温暖如春的人造气候里生长的。

地球的热量全部来自太阳。太阳能以电磁波形式在宇宙空间传播。从太阳传到地球的能量大部分分布在波长0.2～4微米范围内。这个波长范围内有半径为0.35～0.7微米区段的可见光(包括从紫色到红色)。地球在接受太阳能之后,又以电磁波形式向处辐射能量,其中大多为波长4～100微米范围的红外线。如果没有大气,根据地球获得的太阳热量和地球向宇宙空间辐射的热量相等,可以算出地球表面的平均温度只有－18℃,这要比现在的地面平均温度(15℃)低33℃。

实际上,地球表面包围一层大气,其中含有起保温作用的微量气体,它们有让太阳能中的可见光透过,又能吸收地表向外辐射的红外线。大气也在向外辐射波长更长的长波辐射(因为大气温度比地面更低)。其中向下到达地面的部分称为逆辐射。因而使得地面平均从－18℃上升到15℃左右。正因为大气层也有类似温室的保温作用,地球的温度才变得适宜人类的生存和万物的生长。大气对地面的保温作用称为大气温室效应。

在构成大气的众多成分中，起保温作用的气体主要有二氧化碳、甲烷、一氧化二氮、氯氟烃、臭氧以及水汽等。它们可以让太阳辐射电磁波中波长0.35～0.7微米的可见光自由通过，又能吸收地表发出的大部分红外线(只有波长8～13微米的红外线中一部分不被吸收而透过大气层，这一波段称为“大气窗区”)。当它们在大气中的浓度增加时，就会加剧温室效应，使地球表面和近地大气层温度升高，因此人们称这些气体为温室气体(图69)。

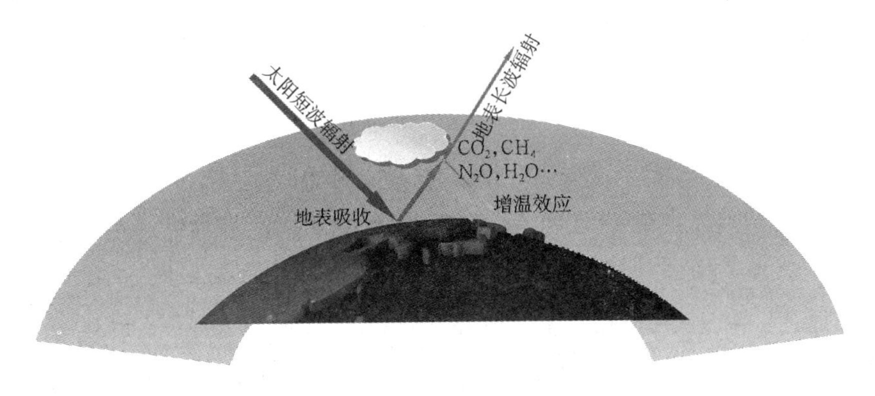

图69 温室效应示意图

二氧化碳是温室效应的主角，它的作用占所有温室气体作用的60%以上。在以往1万年的时间里，由于大气层中二氧化碳浓度是基本恒定的，所以地球上年平均温度也是相对比较稳定的。然而仅仅一个半世纪以来，人类社会和经济的发展使1万年来都变化不大的二氧化碳浓度急剧上升。二氧化碳的迅猛增长，是因为从1840年以来的工业革命。经济的高速发展，需要消耗大量的煤和石油这类化石能源。数不清的烟囱和数以亿万计的机动车辆都在不停地向大气中喷吐着二氧化碳。而在发展经济、大量释放二氧化碳的同时，大片森林、草场和农田作物等绿色植被，成为新建工业城市和设施的牺牲品。工业的突飞猛进，使能够吸收二氧化碳的植物面积大幅度减少，使大气中二氧化碳的浓度不断上升。越来越多的二氧化碳气体，就像是温室大棚又加厚了一层，使温室里保持了更多的

热量。

在过去的100多年里，尤其是最近50多年中，人类活动过度排放温室气体，特别是二氧化碳，使其在大气中的浓度超出了过去40万年间的任何时候，使得在20世纪全球平均气温升高了0.3％～0.6％。20世纪是过去2 000年中最温暖的100年。早在20世纪80年代初，世界气候组织预言，21世纪将是地球5万年来最热最难受的100年。1996年联合国政府间气候变化专门委员会公布的报告中，把2100年二氧化碳倍增后全球平均气温的升值定为1.0～3.5 ℃。

气候变暖的挑战

如今，世界上人口在迅速增加，全球人类活动仍在使大气环境恶化，大气污染与温室气体会继续增长。这些温室气体在大气中的生命史是100年左右，它们今天被释放到大气以后，将对今后100年内气候变化产生影响。所以气候学家预言，21世纪将是一个炎热的世纪。

气候变暖向人类提出了严峻的挑战。早在1995年，联合国政府间气候变化专门委员会第十一次会议就指出："气温上升将会对世界各国未来的社会经济发展产生明显影响，对有些部门和地区的影响可能会达到危险程度。"

气候变暖使得海洋表层水温升高，将造成海水膨胀，海平面必然会上升。当温度为5 ℃(典型的高纬度海水温度)时，每升温1 ℃可使海水体积增加0.01％。当温度25 ℃(典型的热带海水温度)时，相同的升温则能使海水体积增加0.03％。冰川融化也会使全球海平面上升，如果南极和格陵兰以外的冰川全部融化，海平面将会升高50厘米。在过去的100间，全球平均海平面上升了10～20厘米，其中冰川融化使平均海面上升5厘米左右(图70)。据估计,这一上升幅度是过去3000年来平均值的10倍。1990年联合国政府间气候变化专门委员会的预测表明,如果温室气体按目前的速度增长,海平面将以每10年6厘米(3～10厘米)的速度上升,到2030年将上升20厘米(10～30厘米),到2100年,其上升量大约相当于过去100年上升值的5倍。若真是这样,其后果将是极其严重的。

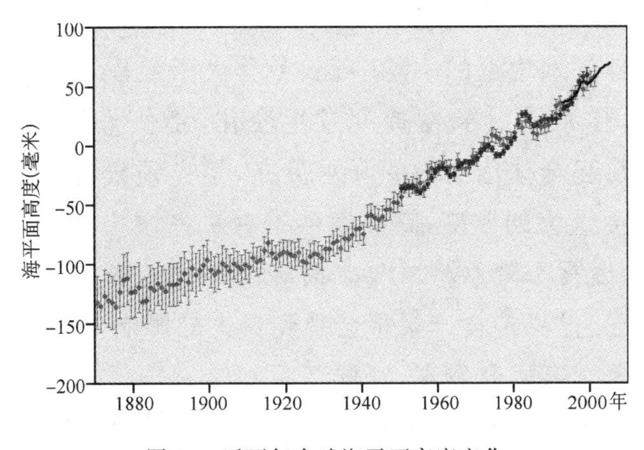

图70 近百年全球海平面高度变化

沿海地区居住着全世界一半以上人口,而且大部分是经济发达地区。海平面上升、海岸线内移将直接威胁沿海国家以及30多个海岛国家的生存和发展。首先是海水倒灌将使三角洲和河流两岸地下水盐度增加而无法饮用,使地表盐碱化不断扩展而无法耕作。同时,大潮和洪水、大浪等潜在灾害也将增大。据研究,若全球海平面上升1米,大约有1亿～2亿人口将生活在异常风暴潮影响下,其中2/5的人口将受到异常洪水浸淹,许多岛国受影响更严重,全球85%的稻米产地在东南亚和东亚,海平面上升将使约1/5地区受威胁,将影响大约2亿人口的粮食生产基地。

随着全球平均气温的上升,自然生态系统将愈来愈不能与环境相适应,生态系统将变得不稳定。气候变暖,亚热带和农业带会向两极方向推移,作物生长期也将延长,适应性差的生物群落将遭受巨大

的威胁。气候变暖将加速非洲大陆热带雨林的减小，严重的沙漠化将波及热带稀树草原，对在此生息的动物和迁移性生物产生恶劣影响。淡水生物种群的数量和多样性，许多海洋生物的生存，都将面临严重威胁。悉尼大学的珊瑚礁专家预测，到2100年世界上大多数地区的珊瑚礁可能会消失，就连澳大利亚的大堡礁也可能在30年内消亡。北太平洋、阿拉斯加鲑鱼的体重正在下降，过去一直在太平洋活动的海豚已在阿留申群岛出现。

由于全球各地增温的不均一性，冬季大于夏季，高纬度地区大于低纬度地区，导致南北温度梯度发生变化，将使大气环流作重大调整。这势必引起全球范围内的降水分布、旱灾频繁，台风或热带风暴的路径等发生重大的改变，高纬度冬季雪量将增长，低纬度降雨也会增多，而中纬度夏季降水将减少。而降水格局的变化，将会导致旱涝趋势更加明显，世界粮食产量将会受到更大的影响。

中国气象学家研究发现，气候变暖将是中国气候发展的总趋势，这样变暖的气候将给中国带来严重影响。在华北和东北，如果平均气温上升2～4 ℃，地表水蒸发将增加20%左右，许多地区会更加干旱，另一些地区暴风雨会增加，耕地将损失2亿多亩。在西北地区，水分蒸发的总趋势将加大，干旱加剧，风和盐碱侵蚀的危害加重，至少使1.4亿亩耕地受损，草场退化和土地风蚀也将日甚一日。全国大部分地区的季节性自然灾害将更加严重，土地退化，沙漠蔓延，使本来就不多的耕地更为减少。而东南沿海地区，若平均气温上升4 ℃，海平面将上升80厘米，这会使1 500多万亩的海岸低地损失一半，又会使许多基础设施遭到破坏。

更令人发怵的是，全球变暖将导致突发公共卫生事件增多，严重威胁人类健康。酷热天气接连不断，会使心血管疾病的发病率和死亡率跃居百病之首。而暖冬天气接二连三会导致各种病毒性和细菌性流感蔓延或局部区域大流行。全球地表温度升高又导致热带常见流行病发生范围向高纬度地区扩展，鸟类迁徙路径和动物生活习性的变化导致人类应对人禽、人畜共患疾病的难度加大。高温热浪、雾、霾等极端气候事件以及大气臭氧浓度降低，光化学烟雾等极端环境事件增多，都给人类身心健康罩了一层恐怖的阴影。另一方面，地球变暖带来的水质污染，延长了各种病菌病原体和寄生虫卵等的存活期限，并为其繁衍和传播提供了天然温床，加上突发洪涝带来的次生灾害，交叉互感，使水质污染更甚，导致急性肠道传播病、霍乱、腹泻、痢疾等的蔓延扩散。尤其值得警惕的是，能传播多种疾病的蚊传播病发病率已呈急剧增长趋势。2000 年 3 月初，美国纽约已发现一种由蚊子传染的西尼罗河病毒导致的怪病。

面对全球变暖的挑战，1988 年 12 月 6 日联合国大会通过《关于为人类当代和后代保护全球气候》决议，要求各国立即采取行动应对全球气候变化问题。为了 21 世纪的地球免受气候变暖的威胁，1997 年 12 月，149 个国家和地区的代表在日本东京召开《联合国气候变化框架公约》(1992 年 166 个国家签署)缔约方第三次会议，通过了旨在限制发达国家温室气体排放量以抑制全球变暖的《京都议定书》。我国于 1998 年 5 月签署了该议定书，这显示了中国参与国际环境合作，促进世界可持续发展的积极姿态。

节能减排，从我开始

如今有越来越多的人在崇尚“低碳生活”。减少二氧化碳的排放，低能量、低消耗、低开支正成为一种生活方式，悄然走近寻常百姓家。

节能减排，从我开始，从生活点滴做起，潜力巨大。减少了能源的消耗主要是减少了二氧化碳向大气中的排放量，也就为减少污染、减缓气候变化出了一份力。

衣

服装在生产、加工和运输过程中，要消耗大量的能源，同时产生废气、废水等污染物。少买一件不必要的衣服可节能约2.5千克标准煤，相应减排二氧化碳6.4千克。如果全国每年有2 500万人做到这一点，就可节能约6.25万吨标准煤，减排二氧化碳16万吨。

每月手洗一次衣服。只有两三件衣物就用洗衣机洗，会造成水和电的浪费。如果每月用手洗代替机洗，每台洗衣机每年可节能约1.4千克标准煤，相应减排二氧化碳3.6千克。如果全国1.9亿台洗衣机都因此每月少用一次，那么每年可节约26万吨标准煤，减排二氧化碳68.4万吨。

每年少用1千克洗衣粉，可节能约0.28千克标准煤，相应减排二氧化碳0.72千克。如果全国3.9亿个家庭平均每户每年少用1千克洗衣粉，1年可节能约10.9万吨标准煤，减排二氧化碳28.1万吨。

如果选用节能洗衣机，可比普通洗衣机节电50%、节水60%，每台节能洗衣机每年可节能约3.7千克标准煤，相应减排二氧化碳9.4千克。全国每年有10%的普通洗衣机更新为节能洗衣机，就可节能约7万吨标准煤，减排二氧化碳17.8万吨。

食

粮食是宝中之宝，可是浪费粮食的现象常常出现。以水稻为例，少浪费水稻0.5千克，可节能约0.18千克标准煤，相应减排二氧化碳0.47千克。如果全国平均每人每年减少粮食浪费0.5千克，每年可节能约24.1万吨标准煤，减排二氧化碳61万吨。

醉酒伤害身体，又容易酿成事故。而1个人1年少喝0.5千克白酒，可节能约0.4千克标准煤，相应减排二氧化碳1千克，如果全国2亿“酒民”平均每年少喝0.5千克，每年可节能约8万吨标准煤，减排二氧化碳20万吨。

夏季三个月平均每月少喝一瓶啤酒，1人1年可节能约0.23千克标准煤，相应减排二氧化碳0.6千克。从全国范围来看，每年可节能约 29.7 万吨标准煤，减排二氧化碳 78 万吨。

住

节能装修。节约 1 平方米的建筑陶瓷，可节能约 6 千克标准煤，相应减排二氧化碳 15.4 千克。如果全国每年 2 000 万户左右的家庭装修能做到这一点，那么可节能约 12 万吨标准煤，减排二氧化碳 30.8 万吨。装修少用 1 千克钢材，可节能约 0.74 千克标准煤，相应减排二氧化碳 1.9 千克；少使用 0.1 立方米木材，可节能约 25 千克标准煤，相应减排二氧化碳 64.3 千克。如果全国每年 2 000 万户左右的家庭装修都能做到减少 1 千克钢材、0.1 立方米木材，其相应节能减排的数字就可观了。

目前家装中常见的造型背景墙，一些可改可不改、锦上添花的设计最好不要或简化。不论是石膏板、饰面板，还是瓷砖、大理石，这些造型所用的材料在生产过程中都要释放碳。减少这些装修材料的使用，就是一种减排。

未必实木家具才能体现居家品味，竹制家具一样可以体现别样风格，还能保护森林资源。一些低碳建材的家具也可供选择，如由铝粉、树脂和天然颜料聚合经高温压制而可回收的卫浴，由 90％泥土和 10％水溶性添加剂共生的软陶瓷，以及环保型地板和涂料等。

夏季改穿长袖为穿短袖，改穿西服为穿便装，改扎领带为扎松领，适当提高空调的温度为国家提倡的 26 ℃，并不影响舒适度，还可以节能减排。如每台空调在 26 ℃基础上再调高 1 ℃，每年可节电 22 度①，相应减排二氧化碳 21 千克。如果全国 1.5 亿台空调都采取这一措施，那么每年可节电 33 亿度，减排二氧化碳 317 万吨。

电风扇使用中、低挡风速就可以满足夏天纳凉的需要了。一台 60 瓦的电风扇，如果使用中、低挡转速，全国可节电 2.4 度，相应减排二氧化碳 2.3 千克。这样做，全国约 4.7 亿台电风扇每年可节电约

---

①度，电功的单位，即指“千瓦时”，1 度电可以使功率为 1 000 瓦的电器工作 1 小时。

11.3 亿度，减排二氧化碳 108 万吨。

家庭照明改用节能灯。可 11 瓦节能灯替 60 瓦白炽灯、每天照明 4 个小时计算，1 支节能灯 1 年可节电约 71.5 度，相应减排二氧化碳 68.6 千克。全国每年更换 1 亿支白炽灯就可节电 71.5 亿度，减排二氧化碳 686 万吨。

做到随手关灯，每户每年可节电约 4.9 度，相应减排二氧化碳 4.7 千克。如果全国 3.9 亿户家庭都做到，那么每年可节电约 19.6 亿度。减排二氧化碳 188 万吨。

行

每月少开一天车，每车每年可节油约 44 升，相应减排二氧化碳 98 千克。全国 1 248 万辆私人轿车这样每年可节油约 5.54 亿升，减排二氧化碳 122 万吨。

骑自行车或步行代替驾车出行 100 千米，可节油约 9 升；坐公交车代替自行车出行 100 千米，可省油 5/6。按以上方式节能出行 200 千米，每人可以减少汽油消耗 16.7 升，相应减排二氧化碳 36.8 千克。这样做，全国 1 248 万辆私人轿车每辆可节油 2.1 升，减排二氧化碳 46 万吨。

用

少生产 1 个塑料袋，可节能约 0.04 克标准煤，相应减排二氧化碳 0.1 克。但塑料袋日常用量极大，如果全国减少 10％的塑料袋使用量，用布袋取代塑料袋，那么，每年可以节能约 1.2 万吨标准煤，减排二氧化碳 3.1 万吨。

减少一次性筷子使用。全国广泛使用一次性筷子会大量消耗林业资源。全国减少 10％的一次性筷子使用量，每年可相当于减少二氧化碳排放约 10.3 万吨。

尽量少用电梯。目前全国电梯年耗电量约 300 亿度。通过较低楼层改走楼梯、多台电梯在休息时间只部分开启等行动，大约可减少 10％的电梯用电。这样一来，每台电梯每年可节电 500 度，相应减排二氧化碳 4.8 吨。若全国 60 万台左右的电梯采取此类措施，每年就可节电 30 亿度，相当于减排二氧化碳 288 万吨。

合理使用冰箱。1 台节能冰箱比普通冰箱每年可省电约 100 度，相应减少二氧化碳排放 100 千克。如果每年新售出的 1 427 万台冰箱都达到节能冰箱标准，将节电 14.7 亿度，减排二氧化碳 141 万吨。每天减少 3 分钟的冰箱开启时间，1 年可省下 30 度电，相应减少二氧化碳排放 30 千克。及时给冰箱除霜，每年可以节电 184 度，相应减少二氧化碳排放 177 千克。全国 1.5 亿台冰箱都能及时除霜，每年可节电 73.8 亿度，减少二氧化碳排放 708 万吨。

不用电脑时以待机代替屏幕保护，每台台式机每年可省电 6.3 度，相应减排二氧化碳 6 千克；每台笔记本电脑每年可省电 1.5 度，相应减排二氧化碳 1.4 千克。如果对全国保有的 7 700 万台电脑都采取这一措施，那么每年可省电 4.5 亿度，减排二氧化碳 43 万吨。

用液晶电脑屏幕与传统阴极射线管(Cathode Ray Tube，CRT)屏幕相比，大约节能 50%，每台电脑每年可节电约 20 度，相应减排二氧化碳 19.2 千克。如果全国保有的约 4 000 万台 CRT 屏幕都被液晶屏幕代替，每年可节电约 8 亿度，减排二氧化碳 76.9 万吨。

每天少开半小时电视，每台电视机每年可节电约 20 度，相应减排二氧化碳 19.2 千克。如果全国有 1/10 的电视机每天减少半小时可有可无的开机时间，那么全国每年可节电大约 7 亿度，减排二氧化碳 67 万吨。

电视机、洗衣机、微波炉、空调等家用电器，在待机状态下仍在耗电。如果全国 3.9 亿户家庭都在用电后及时拔下家用电器插头，每年可节电约 20.3 亿度，相应减排二氧化碳 197 万吨。

合理用水。用淋浴代替盆浴并控制洗浴时间，每人每次可节水 170 升，同时减少等量的污水排放，可节能 3.1 千克标准煤，相应减排二氧化碳 8.1 千克。如果 1 千万盆浴使用都能做到这一点，那么全国每年可节能约 574 万吨标准煤，减排二氧化碳 1 475 万吨。洗澡用水

开关及时关闭，这样，每人每次可相应减排二氧化碳 98 克；如果全国有 3 亿人这么做，每年可节能 210 万吨标准煤，减排二氧化碳 536 万吨。

避免家庭用水跑、冒、滴、漏。一个没关紧的水龙头，在一个月内就能漏掉约 2 吨水，一年就漏掉 24 吨水，同时产生等量的污水排放。如果全国 3.9 亿户家庭用水时能杜绝这一现象，那么每年可节能 340 万吨标准煤，相应减排二氧化碳 868 万吨。

选用节能电饭锅，它要比普通电饭锅对同等重量的食品进行加热省电约 20%，每台每年省电约 9 度，相应减排二氧化碳 8.65 千克。如果全国每年有 10%的城镇家庭更换电饭锅时选择节能电饭锅，那么可节电 0.9 亿度，减排二氧化碳 8.65 万吨。

提前淘米并浸泡 10 分钟，再用电饭锅煮，可大大缩短米熟的时间，节电约 10%。每户每年可因此省电 4.5 度，相应减排二氧化碳 4.3 千克。如果全国 1.9 亿户城镇家庭这么做，每年可节电 8 亿度，减排二氧化碳 78 万吨。

纸张双面打印、复印，如果全国有 10%的人做到这一点，每年可减少耗纸 5.1 万吨，节能 6.4 万吨标准煤，相应减排二氧化碳 16.4 万吨。

用手帕代替纸巾，每人每年可减少耗纸约 0.17 千克，节能 0.2 吨标准煤，相应减排二氧化碳 0.57 克。如果全国每年有 10%的纸巾改用手帕代替，那么可减少耗纸约 2.2 万吨，节能 2.8 万吨标准煤，减排二氧化碳 7.4 万吨。

在农村推广沼气。建一个 8～10 立方米的农村户用沼气池，一年可相应减排二氧化碳 1.5 吨。如果按 1 700 多万户用沼气池，年产沼气约 65 亿立方米，那么全国每年可减排二氧化碳 2 165 万吨。